谁

来决定

你的命运？

席宏斌／著

语文出版社

图书在版编目（CIP）数据

谁来决定你的命运/席宏斌著.—北京：语文出版社，2010.1

ISBN 978－7－80241－288－0

Ⅰ.①谁… Ⅱ.①席… Ⅲ.①成功心理学—青年读物 Ⅳ.①B848.4－49

中国版本图书馆 CIP 数据核字（2009）第 243630 号

谁来决定你的命运？

席宏斌　著

*

语文出版社出版

100010　　北京朝阳门南小街 51 号

E-mail：ywp@ywcbs.com

新华书店经销　　河北新华印刷一厂印刷

*

787 毫米×1092 毫米　异 16 开本　17.75 印张　253 千字

2010 年 2 月第 1 版　　2010 年 2 月第 1 次印刷

定价：28.00 元

序 言

二十多年前上中学的时候，我就经常背诵"人生的路虽然很漫长，但紧要处却只有几步"这样的名言警句，可惜那时候仅仅是将它背诵而已。

现在，历经人生的起起伏伏后，我把这句话再次翻出来，说给我自己听，也说给即将要阅读这本书的学弟学妹们听。

与二十年前相比，今天年青一代面临的问题不是无路可走，而是有太多的路可走。也正因为有了太多的选择，所以有了无尽的烦恼。

纵观三十年来的地球，世界上没有其他任何一个国家像中国这样跌宕起伏、壮怀激烈。也没有其他任何一个国家的青年像中国的青年这样充满竞争、充满挑战。

1978年，全中国有610万人参加高考，而录取的人数只有40.2万人，三十年后，高考录取的人数已超过600万。

这是一个既让人喜悦又让人沮丧的数字。

在一个经济腾飞的时代，一个日渐清晰的中产阶层需要一批又一批受过高等教育的人群去充实；但在一个市场经济并未完全发育且市场秩序和道德还未完全建立的年代，明显扩招过快的"教育大跃进"又让一批又一批的大学毕业生们徘徊在就业的大门之外。

1978年，高考恢复，华南理工大学的无线电专业招进了几十个年龄相差超过20岁的学生，其中三位是李东生、陈伟荣、黄宏生。十多年后，他们三人分别创办了TCL、康佳和创维。极盛之时，这三家公司的彩电产量之和占全国彩电总产量的40%。

在辽宁，沈阳铁路局工人马蔚华考入吉林大学经济系国民经济管理专业，21年后他出任招商银行行长；在北京，176中学的青年段永基考上了北京航空学院，六年后参与创办了四通公司，后来成为北京中关村的风云人物。

在那个独特的年代，高考以其独有的魅力改变了一代人的生命轨迹。

当然，并不只是高考可以改变一个人的命运，那些在不同的区域和领域拥有惊人洞察力、不懈努力的人们，同样在随后的岁月里演绎了自己精彩的人生。

在四川，刘永行参加了1977年的高考，得到了理科状元的好成绩，但是因为"出身成分不好"而没有达成心愿。后来，他和他的三个兄弟办起了一个小小的养殖场。20年后，他们成为当时的"中国首富"。

1978年，在南方小镇，一位叫王石的27岁文学青年正枕着一本已经被翻烂的《大卫·科波菲尔》，睡在建筑工地的竹棚里畅想着未来。十几年后，他成了万科公司的董事长。

当然，这里所举的都是些成功的例子。实际上，更多的人在这场日渐兴隆的经济大潮中选择了沉沦或是默默无闻。

三十年过去了，时代的背景变了，但时代的主题并未改变。

当然，任何时代里成功者总是少数人。人类社会永远呈现出一种金字塔式的结构，处在塔基下的默默无闻的人们映衬着塔尖上那些成功的幸运者们。

问题是：在日渐激烈的竞争中，谁会成为那座宝塔上的明珠？又是什么因素引导他们攀上塔尖？

日常生活中，我们经常能看到这样的现象：一群在大学里年龄相仿、学历相当的同伴在日后十几年的境遇却大为不同，有的甚至截然相反。

究竟是什么因素使附着在每个人身上的助推力不同？

又是什么因素决定和改变着每个人的发展方向和前行速度？

个人智能结构、家庭环境、成长的地域背景，在个人的成长过程中都或多或少地起着作用，但哪些是决定性的力量？个人的后天努力又能在多大程度上改变自己的人生？

这本书要回答的，就是这些。

打开看吧，相信不会让你们失望！

目 录
CONTENTS

是大学所在城市的氛围。大学的名气背后是其综合实力，包括师资、图书、学习环境、文化氛围等；专业的背景主要指它在全国或全球同等专业中的实力排名，某种意义上它决定了你未来在这一行业发展可能利用的人脉资源多寡；选择大学所在的城市尽可能与你从小生活的城市具有地理和人文历史方面的较大跨度，这有利于你在不同的文化生态下生存发展。

上大学简单，读大学却不简单：有的人上大学如鱼得水，如虎添翼；有的人读大学却越读越傻，直至四体不勤，五谷不分。导致如此差别的原因何在？

去美国留学4年，至少要花掉120万元人民币；而回国就业，年薪可能只有4万元人民币。对于普通家庭而言，这样的投入产出是否合算？对于某些专业而言，去美国留学和去索马里留学没什么两样。出国，仅仅是为了语言训练和寻找世界公民的感觉吗？

全球经济形势的恶化和大学毕业生人数的逐年增多，使就业变得异常艰难。成功的就业有几个前提：基本合格的学识和素养；广泛的信息网络和人脉资源；必备的求职技巧；良好的求职心态。需要重点说明的是：

在今后相当长的时间内，求职对于绝大多数人来说将成为一个动态过程。随着人事制度的改革，铁饭碗的时代将在所有领域里消失……

经过第一轮求职和就业之后，你会发现在人生旅途上，你还有很多东西要学，尤其是做人方面，且这方面的学习是一个持续不断的过程。重构知识体系，对每个人来说，不仅必要，而且非常重要。

性格决定命运，细节决定成败，而意识则决定人的发展速度。人和人之间最主要的差别其实就是意识。"文革"时期，当大多数人高呼"知识无用论"时，有人却摊开了书本；物质年代，当大多数人利欲熏心时，有人却恪守诚信……超前的意识经常让你超前发展。超前的意识除了来自基因和家庭环境外，还靠自身孜孜不倦的学习和探索。

大学毕业后，我不光卖过菜，还卖过报纸、卖过书。我曾三次求职、三次创业，每一次都充满了酸甜苦辣……现在，我喜欢上了写作，并将以此为终身职业。

引言：从"待分配"到"被就业"

应该是在一个夏天，一位老朋友的孩子找到我，目的是让我帮他物色一份到新闻单位的工作。

朋友的孩子是外地一所知名度不高的新闻专业的大学毕业生，找我之前已向京城不下十家报社投过简历，但无一回音，彷徨之中想到了我。他知道我在报社工作已有十几年。

我问他："这些新闻单位为什么没录用你呢？"

他嗫嚅了半天，最后分析道："可能是我毕业的学校牌子不够硬。"

我又问他："你认为这些新闻单位该录用你的理由是什么，也就是说你到这些单位工作的核心竞争力是什么？"

他摇摇头。

我再问他："既然想到新闻单位工作，你有发表的新闻或文学作品吗？"

这一次他回答得很快，他说："我在我们院办刊物上发表过五篇新闻稿。"

"有没有在公开出版物上发表过作品？"

"没有。"

"实习期间呢？难道你没有在正规的新闻单位实习过吗？"

"我们学校名气太小，很少有新闻单位愿意接收我们实习。"

"你试过吗？"

"我打电话联系过，不行。"

"你为什么不亲自去一趟报社呢？"

"……"

"那么，那段实习时间你在干什么呢？"

"我和同学到外地旅游去了。"

"那时候没想到将来找工作要靠作品来说话？"

"没想那么多。"

谈话到此，我已经知道报社为什么不录用他了。为了避免他尴尬，我打圆场说："在金融危机的影响下，现在报社都在精简人，而大学毕业生人数又逐年增多，你找工作的难度肯定很大。"

他点点头说："确实是这样，我们很多同学现在还没找到工作。"

"那你打算怎么办？你毕业都快一年了。"

"我也很着急，所以我不是来找叔叔您吗？"

我说："叔叔只能告诉你进入报社的途径，但却没办法保证让报社录用你。"

"有什么途径呢？"

"你得向报社证明你自己。据我所知，报社裁减人是事实，但报社需要有才华的记者、编辑也是事实，尤其是那些完全市场化的都市报。"

"我怎么证明？"

"拿出有足够分量的稿件，我相信任何报社都会录用你。"

"可我现在没有啊！"

"所以你需要重新实习，创造条件让自己拥有。"

"可我已经大学毕业了。"

"但是在用人单位那里你还没有毕业。"

"没有别的办法了吗？比如和报社领导说说，先让我进去，进去以后我肯定能成为一名优秀记者。"

"……何以见得？"

"叔叔难道您信不过我吗？"

老实说，以他目前的状况，我很难推断他将来会成为一名优秀的记者。一个连自己都无法成功推销的人怎么可能采写到有价值的新闻稿件？何况就算是我确认他优秀，我又拿什么理由去说服报社领导呢？

事实上我们的谈话已经很难进行下去了。为了不辜负朋友的重托，我转而又问道："那么毕业这一年多的时间里除了找工作你还做了些什么？"

"主要就是找工作，没心思干别的。"

"比如推销员、保安员，甚至卖菜、卖烤羊肉串也可以啊？"

"大学毕业生去当小贩、去卖菜？别人会怎么想，再说我父母也不会同意呀！"

"可你总得挣钱养活你自己啊？"

"可大学毕业生也不能去卖菜啊，要是您，您愿意吗？"

我说："我也不愿意去，可我必须去。"

他听完我的话后不以为然，摇摇头说："叔叔，这只不过是假设而已，假如你是现在的我，你一定不会去的。"

我当时本想告诉他：我大学毕业后的第一份工作就是卖菜，但想了想还是忍住了。小伙子缺的并不是就业技巧而是就业心态，而这种心态又不是短时间内能扭转的。

一九九一年七月，我从天津大学毕业。当时国家尽管在名义上还包分配，但事实上很多人已实行双向选择。实在找不到工作的毕业生，档案退回原籍待分配。我的原籍是山西省太岳山下一座村落。这意味着如果我不能自己找到合适的工作，我的工作地点可能就在我出生所在地的乡镇。为了避免这种情况发生，我到处奔波求职。几经周折之后，有两份工作摆在了我的面前：一份是北京市石景山区菜蔬公司，一份是北京市石景山区环卫局。经过权衡，我选择了菜蔬公司。我必须工作，因为我不但得养活我自己，还得养活年迈的父母。他们都生活在偏远的农村，没有任何退休工资，也没有任何社会保险。毕业后的第二天，我去新单位报到，报到的地点是：北京市石景山区鲁谷路菜站，至今我身份证上的地址仍然是这个地方。

鲁谷路菜站！这个我人生中的第一个工作单位，它早在十多年前就不存在了。这个单位的集体户口如今也只剩下我一个人。

几年前，媒体曾报到过一名北大的毕业生当街卖肉，这则报道曾引起不小的震动。但媒体并不知道，比北大卖肉的同学更早，一名天大毕业的学生曾在上个世纪九十年代初当街卖菜，那名学生就是我。

一九九一年秋冬的寒风里，我蹬着一辆破旧的三轮车走遍了北京市石景山区的大街小巷，我一边吆喝着卖菜一边思考着未来。

十几年后的今天，我决定把这些年来关于求学、求职、创业等诸多问题的所见、所闻、所思写出来，和学弟学妹们分享。因为十几年前的我，和现在的你们一样正处在人生的十字路口……

第一章　选 择

　　人世间最痛苦的莫过于面对选择无所适从，
人世间最最痛苦的是别无选择。

第一章 选 择

处在人生十字路口的我们总是随时面临选择。其实，人的一生就是不停选择的过程。职高还是高中、特殊专业还是常规专业、出国还是回国、甲男还是乙女……我们一生全部努力的意义在于：在不停的选择中使自己能够占据主动地位。

人无时无处不处在选择之中，但是一旦要作出选择的决定，我们就会体会到选择的困境——选择的两难。比如我现在要写这本"关于求学、求职、创业"的书，就必须暂时放弃我的另外一部长篇小说的创作；选择了跟团旅行就必须放弃"自助游"的计划；选择了登山就必须放弃看海；选择了从政就必须放弃经商……

哲学家说过："人不可能同时踏进两条河流。"因此我们必须随时作出选择，必须学会舍弃，必须突破一个又一个的两难困境，并且在突破中享受选择的快乐。

一般而言，对于今天的年轻人来说，选择从中学时代就开始了。

我人生的第一次选择出现在初中毕业前夕，摆在我面前的有四条路：一条是在本地就读普通高中；一条是到外县就读重点高中；一条是到外地读中专；一条是到外地读师范学院。

放在今天，这几乎不成其为选择，绝大多数人都会选择读重点高中，但是二十年前的情形和现在截然不同，在当时，第一条相比于第二条劣势是明摆着的：师资不如重点中学好。但是优势也比较明显，在本地读书费用低，且人不生地也熟。相反，到外地读书的费用高而且对个人的独立生活能力也是个考验；第三条和第四条相比，中专有再升学的可能，但师范生再升学的可能性很小；但师范生比之于中专生有一个明显的好处：学费、食宿费等全部由国家负责。这对于家庭贫困的我来说有着很强的吸引力。事实上，我们班许多学习成绩优异的同学都选择了读师范。

在当时，读高中无疑有风险，中专生和师范生毕业国家都包分配，农村学生都可以农转非，但读高中如果不能考入大学则依然必须面朝黄土。

几经犹豫之后，我选择了风险度最高但前景也可能是最好的重点高中。

我相信类似的例子很多人一生都遇到过，但是不同的人面对同样的问题却做出了不同的选择。

我所在的初中班是我们县当时最好的重点班。我们班的前十名中有三人选择了读师范，他们至今仍在家乡的小学当教师；有两名选择了读中专，这两人毕业后分配到太原的一家工厂，其中一人后来到一家化肥厂当工人，另一人现在已经下岗待业；有两名家住县城的同学选择了在当地普通高中读书，几年后他们中的一人凭出色的成绩考入南开大学，另一人几经周折后考入一所普通高校；选择重点高中的三人中一人考入南京大学，一人考入北京工学院，我考入天津大学。

我并不认为当小学教师或者下岗是一件令人难堪的事，任何人只要他努力工作、倾力拼搏都值得我们尊敬。但很多年后，我仍然为我的同学感到惋惜，他们本来可以有更大的发展空间，但他们的命运在他们当初做出选择时便已基本上成为定局。

应该说，我当时的选择还只是一种"甜蜜的痛苦"。事实上，我的很多同龄人并不具备这种痛苦的资格，他们中的很多人由于分数太低，而不得不终止学习生涯或只能去普通高中就读，谈不上有什么选择的两难。所以说，人生的每一步努力其实只是使自己面对选择时处于主动地位。

有位名人说过："人生的道路虽然漫长，但关键处却只有几步。"这关键几步甚至是一步的选择几乎会决定人的一生。

1988年，我的朋友王力正在北京航空工艺研究所工作，已经研究生毕业的他在这家研究所里享受着当时在一般人眼里看起来很高的工资待遇，但他仍然决定辞职去海南。

"我在研究所里几乎可以一眼看到未来，我不甘心。尽管下海前途渺茫，但我还是决心一搏。"二十年后已成为北京用友商务表单公司的老总，资产数千万的王力向我回忆说。

下海前的王力其实对海南一无所知，他只知道那里刚刚建省，凭着敏锐的判断力，他预测那里可能会有很多机会，可以将他的人生演绎得更精彩。

出于同样的考虑，我的另一位朋友徐北风也在这一年选择了下海。此前他正在北京整流器厂任分厂厂长。

"在国营大厂中我只是沧海一粟，我能很清楚地看到自己的未来，我的个性无法施展，我不知道我下海能不能做得更好，但我决定试一试。现在看来当时的决定是对的。"很多年以后，徐北风这样对我说。老徐现在是北京物业商会会长，掌管着一家上千名员工的物业公司，负责着北京十几家小区的物业管理，事业蒸蒸日上。

每一种选择都有其合理性，但是这种选择并非是唯一的，也并非完全正确，一定有许多更好的选择在等待着我们。也正是这种不确定性，构成了选择之美。

所幸的是，我的这两位朋友在他们各自人生的最关键时刻都作出了正确的选择。

对于今天的青少年来说，至少在下列几个阶段面临着艰难的选择：

15岁：读职高还是读高中

18岁：是继续复读考大学还是先闯荡社会积累实践经验

22岁：是继续求学读研还是先就业自助，是出国深造还是在国内谋求发展；是选择一家大公司做螺丝钉还是选择一家小公司做全能工具，为将来创业积累经验。

25岁：是结婚生子还是单身漂泊；是做朋友还是做情人；是固守本职还是跳槽求新；是在大城市生活还是移居小城市；是先买车还是先买房。

30岁：是选择继续打工，做"打工皇帝"，还是做"创业英雄"；是固守本行还是另辟天地。

选择之美在于未来的不确定性，而选择之难也正是因为这种不确定性，面对两难的选择，人性格中的风险意识和韧劲将起到主导作用。

我认识一位女孩，25岁时放弃航空公司优厚的待遇，只身从四川来到北京。最初到一家房地产公司打工时月薪不到一千元，这是她几年前做空姐时收入的六分之一。但她仍然咬着牙坚持，终于在到北京三年后成立了自己的公司，当初携两万元来北京的她现在已经凭着自己的努力拥有资产数百万，年收入达七、八十万的公司。而她留在航空公司的同事仍然从事着年收入七、八万的工作。

同她相比，另一位同样是不满意四川"安逸"生活的女孩也是25岁时来北京闯荡，在大学学习法律的她选择了一家律师事务所工作。但遗憾的是，鼓足勇气迎接命运挑战的她，却缺乏成功者所具有的坚韧和果断：在经过两年的跋涉后，她终于忍受不了北京巨大的生活压力和情感孤独之苦，神色黯然地又回到了四川，回到了父母亲为她营造的安逸环境中，她一生中作出的这次最重要的选择就此落下帷幕。

许多人在生活中都经历过选择之难，那些日后成为成功者的名人，在早期都曾经历过选择的彷徨和痛苦。

现在已经成为成功企业家的万科董事长王石最早只是个汽车驾驶员。1973年，王石从部队复员回到郑州，他放弃了开车的职业，到铁路一家工厂做锅炉大修工，因为后者有机会选送上大学。一年后，王石被选送入兰州铁路学院排水专业。

1977年，王石大学毕业，被分配到广州铁路局工程五段做技术员。1978年4月，王石到了深圳。之所以到深圳是因为工程五段主要负责北至广东与湖南交界的坪石，南至深圳罗湖桥头路段的沿线土建项目。

2006年，王石在他的《道路与梦想》一书中专门谈到当初的"选择"。

不甘心受命运安排的王石在1980年通过参加招聘，脱离了铁路系统，进入广东省外经委，做招商引资工作。一开始，王石觉得一切都是那么刺激新鲜，每天早起晚归努力工作。但不久，在论资排辈的传统气氛中，他的自我实现、自我追求的工作表现欲就受到了强烈的抑制。此时的王石再一次想到了离开，可是去哪儿呢？出国留学还是应聘到远洋公司当海员？

几经思考，当过兵、做过工人、在政府机关工作三年，已经33岁的王石决定去深圳特区实现抱负。

1983年5月，王石乘火车抵达深圳，到当时深圳最有影响力的公司——深圳市特区发展公司谋求发展。从此开始了他的又一段职业生涯。

王石的故事不仅在那个年代，即使是在今天也很具有代表性。之所以用这么长的篇幅介绍王石是因为他的案例非常具有代表性。他在到铁路工作之前几乎每一步都是被动地接受命运的选择，但后来两次都是他主动选择命运：一次是他从铁路系统脱离，应聘到广东省外经委；一次是他脱离外经委，选择去深圳发展。

应该说王石是幸运的，从他早期的职业生涯中至少有三次机遇让他抓住或遇到了：第一次是复员仅一年就被推荐上了大学，这是当时很多复员转业军人很难企及的；第二次是他从大学毕业后有幸被分配到了广东。要知道广东在当时马上就成为中国改革开放的最前沿，王石后来的一系列职业生涯都和这片地域相关。我们可以假设，如果王石毕业分配的地区不是广东而是内陆省份或偏远的西北，那么王石的创业过程可能会从此改写，至少要曲折得多；第三次机会是王石自己创造的，他成功地应聘到了广东省外经委。这又是一个跳跃，他使王石从此脱离了靠"技术"生存的谋生之路，进而触摸到商海。同时在外经委工作的三年还可使他充分了解广东地区的经济形势，积累了与政府部门打交道的经验。这对王石日后的经济走势判断及商业运作起都到了铺垫作用。

说王石是幸运的，这在当时的条件下一点都不夸张。中国当时有数百万复员军人、数千万知青、数亿农村青年，能够被推荐上大学的不到百分之一。我的二姐，1974年高中毕业，想上大学的她只能放弃教书的生涯转而去县拦河造田指挥部报到，以期通过艰苦的体力劳动获得推荐上大学的机会。1977年冬，当这个机会来临时，形势突变，推荐废除，高考恢复。她上大学的梦想就此结束，若干年后，她只得重新回到教学岗位上，至今仍在教书。

1977年到1980年是王石职业生涯中最彷徨的时期，他不喜欢所从事的工作却又不知道该往哪里走。这样的场景，相信我们许多人都会遇到：许多人出于惯性，虽有转行的愿望却缺乏转行的勇气，最主要的是不知道路往何处走。

彷徨中的王石选择了学习，一有空余时间就如饥似渴地学习。更重要的是王石此时已敏锐地意识到英语在未来生活中的重要性，即使是节假日他也不放弃学习英语。

很多人是在选择的犹豫中度过了一生。

许多人之所以能够成功，不是因为他们没有选择的困境，不是他们没遇到过彷徨和等待，而是在彷徨中主动应对，尽可能抓紧时间补充知识，以便机遇来临能够紧紧抓住。不知道王石现在的英语水平如何，但至少他当时的意识是值得肯定的，如果没有那几年如饥似渴的学习，很难说他后来应聘外经委能那么顺利。

面对困境不消极等待而是积极应对，是每个成功者的必备素质。在每一次看似平常的活动中能够捕捉和发现机会，也是成功者独有的特点之一。

　　王石在学习外语期间认识了暨南大学外语系的主任曾昭科，并通过他充分了解了对岸的香港；在一场音乐会上，王石认识了表演者刘先生，日后刘先生竟成为他创办公司的一位重要股东。

　　这是一个很值得读者注意的细节，我们很多人一生中都听过大大小小的老师讲课或讲座，但是有多少人会去关注授课老师的背景和底蕴呢？即使了解了老师的背景，又有多少人能和老师成为朋友并通过他们推开生活的另一扇窗户呢？

　　2004年夏天，我的高中母校60年校庆，我应母校之邀回到学校，向师弟师妹们做了一场讲座。讲完之后我向在场的500多名高中生公布了我的邮箱号，告诉他们日后如有需要释疑解惑，我一定尽力。五年过去了，我的邮箱一直没收到过他们的任何邮件。我不相信他们中的任何一位都不需要任何帮助，他们可能早就把我的邮箱号忘记了，或者他们需要帮助却羞于开口。

　　善于发现和捕捉机遇是一种很重要的能力，而求知欲和兴趣是其中很重要的因素，如果王石对香港毫无兴趣，那他可能就没兴趣认识那位老师；而他如果对音乐毫无兴趣和鉴赏力，那么他就不会认识刘先生。听一场音乐会竟然听出一个股东来，这样的例子并不多见。

　　捕捉机遇事实上也包括捕捉人，捕捉那些和我们志同道合或对我们前途命运有帮助的人，那些师长或成功者寥寥数语可能让我们受用终生，所谓"听君一席话，胜读十年书。"至少他们的经历或经验可以供我们参考，帮助我们在两难的境地中做出正确的选择。

　　在很多情况下，我们面对选择必须独立作出决定。在这种情况下，个人的胆识、经验、性格等因素将起到决定性的作用。

　　1977年，四川青年刘永行参加了高考，得到了理科状元的好成绩，但是因为出身不好而没有达成心愿。后来他和他的三个兄弟办起了一个小小的养殖场，20年后他们成为当时的中国首富。从大学落榜到养殖场兴办，刘氏兄弟曾经历了非常艰难的选择。

距刘永行兄弟艰难选择整整十二年后，又一个青年走到了人生的十字路口。

1989年7月，精瘦讷言的安徽青年史玉柱一脸茫然的站在宽敞而脏乱的大街上。七年前史玉柱以全县第一名的成绩考入了浙江大学数学系，三年前他又考到深圳大学读软科学管理研究生，毕业后他被分配到安徽省统计局。已经在深圳的创业氛围中浸泡了三年的史玉柱，无法忍受内地机关单位的平静和呆板。仅仅几个月后，他毅然辞职，又回到了那片狂热而又充满机遇的南国土地。此时，史玉柱的行囊中，只有东挪西凑的4000元，以及耗费九个月心血研制的M-6410桌面排版印刷软件系统。

从很多人向往的政府公务员到充满风险的个体户，史玉柱的选择无疑经历过一番艰难的心理折磨。

促使史玉柱做出日后看来是无比正确选择的因素主要有三个：一是他的经历，三年在深圳做研究生的经历，相比于内地，深圳无疑是当时中国最具活力的城市；二是他的技术优势，在离开省统计局前他已经拥有一套独立研制的桌面排版印刷软件，这成为他今后发展的方向和创业的立足点；三是他的性格，史玉柱长相文弱，一眼望去便是一副南方书生的模样，可是他却有着超乎寻常的豪赌天性，这种天性在他今后的创业中一再显现。

和史玉柱相比，1994年的柳传志和联想的选择要艰难得多。

这年12月8日，联想公司匆匆举办了创业10周年的庆典会，此时的柳传志一点也没有办庆典的意思，一些棘手的事情让他日日烦躁不安。在创业的第十个年头，已经50岁的他陷入了职业生涯最黑暗的低谷，他的企业成长乏力，前途莫测，并肩合作多年的亲密战友反目成仇。

此时的联想用内外交困来说一点也不为过。在外，联想遭到国际电脑品牌的猛力撞击，而受到宏观调控的影响，国内机关事业单位的采购能力却又不见起色。在过去几年里，联想一直是各大部委和国有企业的主要电脑供应商，这一块的滞销让公司很受打击。联想究竟往何处去？成了联想当时最紧迫的选择。当时中关村的所有知名电脑公司都放弃了最艰难的自主品牌经营，退而做跨国公司的代理——长城做的是IBM，方正做的是DEC，四通做康柏，而业界风头正劲的史玉柱则宣布转战保健品，这些对联想高层都有不小的影响。此时，在联想内部，公司的两大灵魂人物柳传志和倪光南发生了致命的分歧。

倪光南是联想汉卡的发明人，他一直被视为联想的高科技象征。然而，在1994年前后，由于软件系统的升级，汉卡产品在市场上江河日下，对公司的贡献率已微不足道。倪光南决心为联想创造新的技术制高点，他选中的方向是"芯片"。当时国际上芯片技术日新月异，英特尔等公司把持了技术的方向。如果联想能够在这一领域获得突破，将一举确立其在电脑产业中的地位。

然而倪光南的方案却出人意料地遭到了柳传志的反对。在柳看来，芯片项目的风险很大，非联想现有实力可支撑，中国公司在技术背景、工业基础、资本实力及管理能力的方面，都无法改变世界电脑行业的格局。按他的想法，联想应该加大自主品牌的打造，发挥成本上的优势，实施产业突围。

就这样，创业十年的联想走到一个动荡的十字路口。经过半年多的艰难选择，柳传志的方案获得通过，联想最终走上了"贸工技"的道路。

选择其实不只是个人问题，一个国家，一个民族，一个企业站在十字路口的时候都需要作出选择。

1978年，同为社会主义阵营的中国和苏联都站在了历史的十字路口，中国选择了改革开放，而苏联选择了军事侵略和扩张——武力进攻阿富汗。十多年后，中国顶住了国内外风暴，继续行走在社会主义大道上，而苏联却迅速解体。历史的结局不能不让人感叹两个国家当时的选择。

面对同样的环境，同样的历史机遇，为什么有人就能做出正确的选择，有人却在错误的道路上渐行渐远？这在很大程度上取决于个人对未来历史趋势的把握。

那么，未来的世界究竟会是什么样呢？

第二章 未来的岁月

在中国崛起的进程中，谁能最早透视出历史发展的大趋势？谁就会在未来的个人发展中占据主动。那么，中国的未来会向何处发展呢？

第二章 未来的岁月

人无远虑，必有近忧！四十年前的中国，"文革"方兴未艾。那时候的人们无论如何也想象不出今天的中国会如此这般。谁若想在未来几十年内在竞争中占据主动位置，谁就必须分析判断出未来几十年内中国社会发展变化的趋势。

那些对现实判断迅速而准确的人们，大都因为他们经常站在历史的制高点上，我们可以看一下清末重臣曾国藩的案例。

曾国藩是晚清历史也是中国近代史上一位非常重要的人物，他在清朝危难之时自组湘军，经过几年的血战，击败了太平天国，一时声震天下，但在功成名就之时，他却急流勇退，自裁湘军，自己退居幕后。身为浙江人的蒋介石生前对这位湖南人十分推崇。

综观曾国藩一生，其为官之道可称大智慧。其核心就是深谙韬光养晦、急流勇退的道理。梁启超先生曾有一句话，评价曾国藩："文正深守知止知足之诚，常以急流勇退为心."

此话十分精辟。徐世平先生对曾国藩急流勇退的心路历程曾有过这样的描述：

1864年（同治三年）6月，曾国藩面临一生中的重大抉择。其时，湘军攻克南京。曾国藩旗下拥兵三十万，已占中国半壁江山。这支湘军是曾国藩一手培养的。湘军士兵皆由各哨官选募，哨官则由营官选募，而营官都是曾国藩的亲属、同学、同乡、门生等担纲。"兵为将有"，乃湘军一大特色。所谓的"湘军"，其实就是曾国藩的"子弟兵"。此时的曾国藩掌管江苏、安徽、江西、浙江四省军务，四省巡抚、提督以下文武官员皆归曾国藩节制。曾国藩已成为清朝建立以来权力最大的汉族官员，而且"功高震主"。

曾国藩的部属、幕僚，如曾国荃、彭玉麟、赵烈文等人，以及著名的研究"帝王之学"的学者王闿运等，均竭力劝进。有的说，"王侯无种，帝王有真"，有的说："用霹雳手段，显菩萨心肠"，有人更直截了当的说："东南半壁无主，我公岂有意乎？"其实，说这种话的人，当然是有原因的。早在咸丰帝临死时，曾有遗言，说"克复金陵者王。"但是慈禧太后管制下的年幼的同治帝，只给了曾国藩一个一级毅勇侯。而且同治还下诏，要曾国藩和各级将领，从速办理军费报销。这无异于过河拆桥。因此，曾国荃、彭玉麟等人便秘密活动、力劝曾国藩不如反了，坐了天下。他们还约集三十余名高级将领深夜请见，要曾国藩"速做决断。"此时的曾国藩没说什么话。他只是写下"倚天照海花无数，流水高山心自知"一联算是作答。

不过私下，曾国藩曾和其九弟曾国荃有过这样的对话。曾国藩说："东南半壁无主，我公岂有意乎？这种掉脑袋的话也能形诸笔墨？你们糊涂啊。"曾国荃似有不服，辩解说："两江总督是你，闽浙总督左宗棠、四川总督洛秉章、江苏巡抚李鸿章，还有三个现任总督五个现任巡抚全是湘军之人。大哥手里握着二十万湘军精兵，如果需要可再遣李秀成振臂一呼，收纳十万太平军降兵不在话下。三十万精锐之师，即可攻破京师，恢复汉家江山，成为一代帝王。大哥，舍你其谁啊。"

曾国藩怎么回答呢？他说，人共患难的时候大多时候是朋友，同富贵的时候往往成了敌人。左宗棠一代枭雄，做师爷时便不甘居人下，如今同为平起平坐，他能俯首称臣？我敢肯定如若起事，第一个起兵讨伐我们的人就是左宗棠；我若一帆风顺，李鸿章永远是我的学生，如若不顺，李鸿章必然反击。现今，湘军已呈老态，谈不上什么精锐！再说李秀成，他不投降可以振臂一呼，从者云集；他投降了就是一只走狗，谁还听他的？曾国藩还说，当兵吃粮，升官发财，就比如养了一群狗，你扔一块骨头他就跟你走。别人扔一块更大的骨头他就可能出卖你。就算是帝王又有多少骨头可扔呢？

一番话说得曾国荃哑口无言。

上面这段话把曾国藩对局势的分析，尤其对人心的分析描绘得淋漓尽致，曾国藩为什么对人心有如此高的洞察力呢？

和湘军中的其他悍将不同，曾国藩不仅能文能武而且博古通今。

表面上看，曾国藩兄弟和900年前赵匡胤兄弟相比境况很相似。当时赵匡胤正是在其弟弟赵匡义等一班部属的力劝下，发动了"陈桥兵变"。而赵匡义也是在赵匡胤之后做了大宋的皇帝。曾国藩对此虽未点破但却对弟弟和部下的想法心知肚明。事实上，并不是曾国藩不想称帝，而是在反复考虑之后放弃了这种想法。

当时的情况：一是以慈禧太后为首的清皇室已对曾国藩起了戒心并严加防范，其表现便是大力提拔湘军将领并分配到各地任职，借以分化湘军并牵制曾国藩；该封的王位也未兑现，有意打压曾的权威；二是曾以平叛为名升任高职，如果再举行叛乱，很难从者云集；三是当时的中国已有外国武装干涉。当时在宫中，以恭亲王为首的一伙朝臣和外国人打得火热，外国干涉曾的可能性依然存在；四是当时的清政府虽然懦弱但并不涣散，尚未到一击即溃的地步；五是当时战乱刚刚平息，人民普遍厌战，这种情况下战火再起很难得到大多数人的积极响应。

正是对当时的局势及前景有了透彻的分析，曾国藩才作出了"急流勇退"的选择。一旦作出了决定，曾国藩行动起来果断而快速。他首先将已经投降的李秀成斩首，而后向朝廷主动要求裁撤湘军。

从内心深处讲，曾国藩并不想杀李秀成，但他留用李秀成无疑会招致清廷的猜忌。果然，在他斩李秀成裁撤湘军后，清廷在大大松了一口气的同时将他奖励一番。

曾国藩熟读历史。秦末农民战争中韩信战功卓著，但他在战争中的紧要关头曾要挟刘邦封他为王，这为日后埋下了祸根。曾国藩深知帝王之术，功成之后不但没讨封，反而自解兵权，从而保证了自己和家族全身而退，进而以退为进，继续在政治舞台上发挥作用。

曾国藩以前，汉人中权位最重的要数吴三桂，吴三桂当时已经被清廷封为平西王，控制着西南三省并影响着大半个中国，但吴三桂最终还是以失败告终。从吴三桂到曾国藩时代，时光只有二百年，曾国藩对这段历史一定记忆犹新。

正是对历史教训的吸取，曾国藩才能准确地判断出未来发展趋势，从而在历史关头做出比较正确的选择。

谁也无法准确地预测未来，但是很多成功者能从历史的经验中推测未来，或者从现实的蛛丝马迹中嗅出形势发展的动向，所谓"春江水暖鸭先知"。

1978年11月27日，中国科学院计算机所的工程技术员柳传志按时上班，走进办公桌前他先到传达室拎了一个热水瓶，跟老保安开了几句玩笑，然后从写着自己名字的信格里取出了当日的《人民日报》，一般来说他整个上午都将在读报中过去，20多年后他回忆说：

"记得1978年我第一次在人民日报上看到一篇关于如何养牛的文章，让我激动不已。自打'文化大革命'以来，报纸一登就全是革命斗争，全是社论。在当时养鸡、种菜全被看成是资本主义尾巴，是要被割掉的。而人民日报竟然登载养牛的文章，气候怕是要变了。"

有人后来求证，1978年11月27日的《人民日报》中，并没有养牛的文章，而有一篇科学养猪的新闻。在这天报纸第三版上有一篇长篇报道《群众创造了加快养猪事业的经验》，上面细致地介绍了广西和北京通县如何提高养猪效益，实行公有分养的新办法等等。柳传志看到的应该是这一篇新闻稿。

但不管是养牛还是养猪，柳传志能从一篇普通的文章中判断形势要变了，显示出他对时局的敏锐和惊人的洞察力。

事实上，就在他读完这篇文章后的第20天，具有历史转折意义的中国共产党十一届三中全会在北京召开。在这次大会上，形成了以邓小平为核心的第二代中央领导集体。全会做出了将党的工作重点转移到社会主义经济建设上来的决定。

无论是个人还是企业，谁能对形势的发展作出准确的预测，谁就掌握了成功的钥匙。

1978年8月，中国主管汽车行业的机械部向美国的通用、福特，日本的丰田，法国的雷诺、雪铁龙，德国的奔驰、大众等著名企业发出邀请电，希望他们能够前来考察中国市场。很快，反馈回来了，繁忙的丰田公司以正在和台湾洽商30万辆汽车项目为由婉拒，傲慢的奔驰公司则说不可能转让技术，除此之外其他公司都表示了兴趣。

第一个来北京的是美国的通用汽车公司。10月21日，通用派出由汤姆斯·墨菲带队的大型访问团来洽谈轿车和重型汽车项目。在这次洽谈中，墨菲第一次提出了合资的概念。第二年3月，一机部组团赴美与通用进行合资经营谈判。但意外的是，通用的董事会最后否决了这个合资的提议，通用进入中国的步伐戛然而止。

几乎就在通用汽车对中国说"不"的同时，一批德国汽车专家与上海方面开始洽谈大众汽车的合资项目。将近20年之后的1997年，当通用在上海打下他的第一根桩基时，德国大众已在中国赚得盆满钵满了：大众汽车的年销量达到数百万辆，通用董事会当年的短视让通用错失了在中国发展的良机。那次董事会后的第三十年即2009年，这个世界第一的汽车生产商已经走到了破产的边缘，而当年"勇敢"走进中国的大众汽车的日子却越来越红火。

1979年，能够准确预测出市场风向的还有香港的霍英东。这年1月，56岁的霍英东开始与广东省政府接触，他提议要在广东盖一家五星级的宾馆——白天鹅宾馆，他投资1350万美元，由白天鹅宾馆再向银行贷款3631万美元，合作期为15年（以后又延长5年）。这是建国后第一家中外合资的高级酒店，也是第一家五星级酒店，此时距十一届三中全会闭幕刚刚一个月。

三十年前建酒店尤其是五星级酒店，远非今天的形势可比，除了政治形势复杂外，还需要面临物质上的困难，计划经济体制下造成物质短缺，"一个大宾馆，需要近10万种装修材料和用品，而当时内地几乎要什么没什么，连洗澡盆软塞都不生产，只好用热水瓶塞来代替。更要命的是，进口任何一点东西都要去十来个部门盖一大串的红章，"后来当上全国政协副主席的霍英东回忆说。

即便如此，霍英东还是凭着自己敏锐的判断力，认定随着中国改革开放的步伐加快，酒店业尤其是高档酒店必将前景广阔并迅速做出了在广东地区开发酒店的决定，后来的事实证明他的选择是对的。

中国有句俗话："人无远虑，必有近忧"！所谓"远虑"就是对未来的分析和判断，那些现实生活中能够敏捷地抓住机遇的人们在很大程度上源于对未来形势清醒的分析和判断。

未来几十年，中国将往何处去呢？

中国已经加入WTO，中国要想发展离不开广阔的世界市场。事实上，中国的经济已经和世界融成一片，这意味着在未来几十年，拥有国际语言优势或小语种语言优势的人才将会在竞争中占据优势。

　　从人口结构来看，中国在未来几十年将逐步进入老年社会。由此将形成对医护人员、老年心理教育、老年发展学、老年公寓等方面的巨大市场需求。

　　未来几十年，中国城市化进程将逐步加快，有近5亿多农业人口将转化为城市人口。他们对建筑、装修、汽车、保险、家政服务、家电、医疗、教育等方面有着巨大的市场需要，围绕着这一人群将产生一个个产业链。

　　随着经济的发展，政治体制将逐步推行，现有的人事制度将发生很大的改革，"铁饭碗"将成为历史的名词。那些至今还在梦寐以求进入公务员队伍和国有大型企业的人们，在未来会大失所望。"铁饭碗"本身是垄断的产物，当全世界都在努力打破垄断的形势下，有人还企求几十年不变的"铁饭碗"存在，并想置身其中，几乎是在白日做梦。

　　中国崛起在今天的世界已成为事实。中国崛起最重要、最持久的核心是文化的崛起。那些对中国文化情有独钟并具有深厚国学基础的人才在未来将大显身手。这种情况之所以会产生，是因为现在许多家长和学生对英语的重视程度远远大于中文。在未来，也许我们找一个精通外语的人很容易，但找一个精通国学的人却很难。如此，精通国学的人必将在未来大有用武之地。

　　未来几十年，科学发展、可持续发展将成为企业和国民的行为准则。许多同学往往以为这是政治口号，事实上，它将成为国家今后重大战略决策的准则。沿着这一思路，那些可持续发展的产业和专业将在未来具有很强的生命力。如清洁能源、新能源、污水治理、垃圾处理、废物回收和利用、园林绿化、手工制作、民间艺术等产业将大行其道。

　　纵观世界几百年来的发展，人类在工业化、电器化、信息化方面都有长足的发展，但在生物技术领域进展却不大。未来几十年，生物技术领域将会成为国际上最时髦的专业。此外，世界各国将在空间、海洋等领域展开竞争。对于中国，海洋事业的位置将大力提升，而和其相关的专业设置和人才也将格外引人注目。事实上，青岛有一所专门培养海事方面人才的大学近几年在全国毕业生普遍就业困难的情况下一直供不应求。这种情况的产生是由于中国这些年来加大海外贸易和提升海洋研究力度所致。中国自从明朝郑和下西洋后在海上一直无所作为，未来的中国一定是海洋时代的中国。

中国改革开放三十年来已发展成为居世界前列的贸易大国，但这远远不够，中国未来的目的是建立创新型国家，由制造大国变成创造大国，由加工大国变成品牌大国；由能源消耗大国变成新能源普遍应用的大国。由此，创新性人才、创造性人才、创意型人才将在未来备受青睐。

随着全球人口数量的激增，地球日益不堪重负。地震、海啸、瘟疫、水灾、吸毒、车祸、疾病等时刻威胁着人类的生存。最近几年，全球性的瘟疫频繁发生，周期越来越短，应对这些灾害已成为人类的当务之急，由此产生的防灾、防疫、心理咨询、人文关怀等专业和产业也成为未来中国社会所急需。1976年唐山大地震时，没有人听说过"心理咨询师"，到2008年汶川地震时，心理咨询师已频频出现在各个震区并逐渐开始形成一个新的产业。

国家发展战略、城市发展战略这些宏观"新闻"不只是说给那些企业和成人听的，其实，更应该关心这些新闻的恰恰应该是年轻人。

如果系统地分析未来几十年的发展趋势、并使自己在未来的发展中立于不败之地，那么必须了解世界发展的趋势、了解中国发展的趋势、了解你所在城市和地区的发展趋势。

如果从全球的角度看：粮食和能源是世界上所有国家必须面对的，也就是说如果你将来是这些方面的专家，你将是世界性的人才。比如研究水稻生产的袁隆平放在任何国家都会大受欢迎。未来几十年甚至上百年这两个领域对人才都是求之若渴的。

　　能够保障人类生存和发展的领域一定是世界性的人才。比如医药人才、电力人才、汽车、通讯人才等，如果你从事这些行业，你的活动范围可能是全世界。

　　生物技术、生命核能、空间技术、信息技术、海洋探索、兵器制造等领域属于世界争夺的技术，从事这些领域的工作，你将成为非常有用的人才，但你的活动范围很难是全世界的。你只要想一想导弹专家钱学森当年归国是多么困难，你就会明白其中的道理。这些领域的研究技术和人才涉及国家的核心机密和核心竞争力，你很难想象在伊朗原子能机构工作的专家会随意行走在美国的大街上。

　　疾病防控、法律、建筑、烹调技术、手工制作等领域的人才也具有世界性，不过却具有很强的地域特色。比如一名疾控防治专家在全世界都会受欢迎，但在中国可能会重点防治老年病，在非洲可能会重点防治性病传染。比如说建筑领域，建筑原料和建筑本身全世界大体相同，但建筑设计和装修、装饰却有明显的地域特色；一名精通中国法律的专家可能在欧美国家很难如鱼得水，但一个技术娴熟的中国厨师很可能在全世界任何地方都独步天下。

　　比如，很多人到国外旅游都有到中餐馆就餐的经历，那里的中餐往往很难吃，为什么会这样？因为很多在国外开餐馆的大体上在国内都没什么特别的技能，很多人冒险甚至偷渡到国外寻求财富，无奈之下才做起了餐馆。很多旅行社联系的中餐馆饭菜质量往往不及普通的农家菜。这些人没有什么发扬光大中餐的理念，更不肯花钱从中国进口正宗的中餐调料和引进真正的高水平厨师。而真正有经验的厨师，由于在国内就能很好的就业、再加上缺乏出去闯荡的决心和渠道而很少现身国外。因此，在国外真正有水平的中餐馆并不多。如果立志做餐馆，在国外的发展空间可能比国内还要大，相比更容易成功。

如果你在未来决心从事的是上述领域的工作，你不用担心未来会失业，你只需要把你的技术发挥到极致就可以了。

全世界正在形成统一的市场。

《世界是平的》一书的作者佛里德曼曾非常形象生动地向世人叙述了世界统一市场的形成：

2004年4月2日，佛里德曼拨打了订购戴尔电脑的免费服务电话后，公司上下便围绕着这张订单开始忙碌。

订单输入→信用卡核对→订单发送到生产系统……

戴尔电脑的零部件供应情况是：微处理器来自美国英特尔公司设在菲律宾或哥斯达黎加、马来西亚或中国的工厂；内存来自韩国、日本、中国台湾或德国的工厂；显卡来自中国内地或台湾的工厂；键盘或者由日本在天津开办的工厂生产、或者由中国台湾在深圳开办的工厂生产……

上面的例子充分说明了世界正在形成一个统一的市场。如果我们回忆一下"世界工厂"形成的轨迹将会更好地帮助我们分析和判断未来。

十八世纪下半叶，英国成为"世界工厂"，世界各地的生产原料源源不断地向英国集中，而英国生产的工业品又源源不断地流向世界各地（十九世纪上半叶英国产的工业品流往中国受阻，由此引发了鸦片战争）。

十九世纪末，美国成为"世界工厂"，美国的工业产品和工业产值在二十世纪初一度占到世界市场的三分之一。

二十世纪末，中国开始成为"世界工厂"，中国制造的产品远销世界各地，与此同时，中国成为工业原料消耗大国。

略为不同的是：英、美成为"世界工厂"的同时也成为世界创造中心，涌现出很多新发明、新创造。而中国成为"世界工厂"的时候还只是一个加工大国。

未来几十年，中国肯定会加大力度改变这一局面，将自己由"中国制造"改变为"中国创造"。而随着中国经济持续的发展，以廉价劳动力和原材料消耗为主要赢利手段的加工企业将日益难以为继。2009年发生的世界经济危机使中国南方大批加工企业倒闭就是一个预兆。单纯的"世界加工厂"将陆续移往劳动力更廉价的印度、越南、菲律宾等地。而认清这个产业中心转移的轨迹将有助于你确立自己未来的发展方向和创业方向。

"市场落差"理论的价值

世界虽然形成了统一的市场，但各地经济的发展是不平衡的，甲地流行的市场现象在乙地可能在十几年后才会显现，由此形成了世界各地的市场落差。

从中国的局势看，尽管中国的经济总量已位居世界第三，但中国的人均GDP仍然不高。单从市场经济领域看，欧美仍是中国赶超的目标，因而关注欧美市场的情况有助于你了解中国未来的发展趋势。中国一批新兴产业的领头人大多具有欧美背景，如张朝阳、李彦宏等，说到底他们只不过就是把美国已有的成熟技术和理念移植到了中国并迅速取得了成功。

这种依靠"市场落差"理论快速成功的现象值得求职者尤其是创业者们高度重视。

像国美电器这种专营店、物美超市、汽车4S店，早期的卖楼花、网上购物的当当网、卓越网、淘宝网，甚至像电视台的选秀节目无一不是舶来品，是从欧美或港台那里引进而来的。但这种引进一要选好时机、二是迅速本土化，力求在很快的时间内做到行业老大的位置。历史从来不会给附庸或跟风者位置。谁都知道1984年洛杉矶奥运会中国第一枚金牌的获得者是许海峰，可有多少人记得那届奥运会上获得第二枚金牌的中国运动员是谁？

中国幅员辽阔、市场落差很大，信息传送到达的先后也不同。

改革开放早期中国最早的一批"倒爷"主要依靠的就是中国东西部信息不对称而将东部早已司空见惯的打火机、电子表、流行衣服、磁带、食品等倒腾到中西部因而迅速致富。

而最早从内地到沿海发展的一批人和企业也都得到了快速的发展。比如从深圳崛起的史玉柱和王石，从蛇口开发区崛起的中国招商银行和中国平安保险公司。

到开发区或落后地区以及出国无疑是创业者的绝好选择，但这需要根据实际情况分析，选择具体的发展方向。时下很多青年选择出国留学，但他（她）们选择到土耳其学习经济管理、到埃塞俄比亚学习金融、到英国学习烹调、到捷克学习计算机，这样的选择无疑是驴唇不对马嘴。

再比如：国家提倡西部大开发，你必须明白国家的需要是什么？那里最缺的又是哪一类人才？如果你去那里开一个简单的餐馆还不如开个超市更有新意；如果你去那里当一个政府公务员还不如去建筑工地当包工头更好。

一般而言，从国际流行到中国大都市流行到中等城市流行再到县城等小城镇流行一般要依次相隔几十年或十几年。你只要知道欧美现在流行什么，就可能判断出几十年后中国的乡镇会流行什么。

上个世纪六十年代，汽车在美国已基本普及，汽车的流行和普及大大拓展了人们的生存空间，伴随而生的是摇滚乐和性解放。几十年后的二十一世纪初，汽车在中国的大城市已基本普及，伴随而起的是娱乐繁荣和性泛滥。十几年后，中国的中小城市必将普及汽车，由此将带来的产业格局也必将产生变化，如餐厅必须有停车位，商店、超市也必须方便停车。4S店、加油站、汽车美容、装饰将会在这些地方兴起。而这些产业现在正一一在中国的大城市兴起。

尽管欧美现在的经济格局和流行趋势可能对未来十几年中国的市场

有着重要的参考作用，但并不意味着欧美现在经历的一切中国都可能经历，我们仍然需要具体情况具体分析。

我有位富翁朋友曾想让他的儿子放弃学业专职学习高尔夫并想将儿子培养成贵族。他的理由是：随着中国经济的发展，中国必将产生一个贵族阶层，而高尔夫是一项贵族运动。从事高尔夫必将前途远大，不但能成为贵族，还可以成为终身职业。他咨询我的意见，我给他的回答是：作为一项职业，做高尔夫教练糊口是可以的，但以此想成为贵族是不可能的。打高尔夫只能了解贵族生活但不一定就能使自己成为贵族。中国有富人阶层，但却不一定产生贵族阶层，由富及贵的推理是很难成立的。何况中国富人阶层的财富并没有多少经得起阳光曝晒。以前的富人们流行打台球，后来又流行打保龄球，现在流行打高尔夫，说不定十几年后流行到月球旅行。中国的富人阶层最大的特点就是"你方唱罢我登场，各领风骚只几年"。没有恒富的阶层，就很难有恒贵的阶层。欧洲的贵族们一般有自己恒定的生活礼仪和生活准则，但中国的富人们却不停地变换自己的生活目标。中国今天的社会还属于财富积累阶段，人们向往的仍然是"贫民窟的百万富翁"，仍然是比尔·盖茨式的财富英雄，绅士和贵族生活对大众暂时还缺乏吸引力；在欧洲几百年沉淀的贵族生活和美式一夜致富的神话之间相比，人们显然更喜欢后者。

如果想要判断未来几十年的发展趋势，必须明白国家的整个发展战略

向海洋发展显然是国家未来的发展战略，中国从明朝初年郑和下西洋之后就关闭了自己的海岸线，直到2009年年初，中国海军到亚丁湾护航才标志着中国的海上力量重新走出国门。这是一个信号，即中国向海洋发展的信号。而与此相关的航海运输、海上开采、海上生存作业、渔业等专业将很有前途。

文化出口也是国家未来的战略发展重点。中欧贸易和中美贸易大都是顺差，但在文化领域却严重逆差，中国进口多而输出少，因而和提升中国文化产品竞争力有关的产业一定是国家大力支持的产业。如今遍布全球的孔子学院就是一个例证。汉语教学、外语翻译、中外文化交流，既有传统中华文化背景（如中医、武术、厨艺、民间艺术等）又有语言优势的人才将备受青睐。

人类发展的核心一定是向着解放生产力和解放生产关系的方向发展。随着经济的发展，那些能给人们带来精神享受如音乐、舞蹈、动漫、游戏、电影、文学等产业将有着极大的需求，原创的东西将弥足珍贵；那些能给人们带来独特享受的服务也将越来越流行，如美甲、美容、美体、私人医生、私人律师、私人管家、私人保姆、私人秘书等；那些能够给人类带来个性化、人性化享受的服务业越来越受欢迎，如个性化服装设计、个性化健身教练、个性化运动项目、个性化旅游安排等产业将越来越多。投身这些领域，你将有一个不错的前程，而与此相反，那些泯灭个性和人性的产业、垄断的产业、强权的产业将江河日下。

人们经常说的一句话：机遇是留给那些有准备的人的，这句话一点没错。

"文革"时期，很多青年信奉"造反有理"，整天忙于抄家、游行、串联。但就在这种大形势下有相当一部分青年坚持认为"知识有用"，并利用一切劳动空闲读书。1977年机会来临，全国恢复高考，那些有准备的青年轻松地考取了理想的大学，而大部分整天随大流忙于革命的青年大都名落孙山。

能够抓住机遇的人一定是那些有远见的人，而有远见的人一定是能够独立观察、独立分析、独立判断的人。

笔者曾在十几所大学做过讲座，经常有同学会问我："如何能做到独立观察、独立分析并得出正确的结论呢？"

我回答说："这需要两方面，一是学习、二是经历。而这两点正是一般大学生所欠缺的，尤其是在学习方面。

一般的青年都在大学里接受过比较正规的教育，但那一般指专业教育。事实上，人一生的学习包括社会知识的学习，对国情民意的学习，对从事行业的专业学习等，而这些对于大多数学生甚至家长来说都是十分欠缺的。大多数人一般都是沿着家庭学校的自然影响和习惯去学习，很少对社会现状做过全面的分析。

由于中国大学特有的结构安排，中国的大学老师大都终身待在象牙塔内，他们的社会知识很可能和学生相差无几，对新生事物的敏感甚至比不上学生。因而很多时候，同学们需要自学社会知识，需要尽可能在有限时间内多读书、多实践。

有的人认为，读书多自然对社会发展趋势有比较正确的把握。事实上，不一定是这样。主要还是看你读哪类书，所读的书能不能和实际生活融会贯通。

读书大体分四类：一类是专业，二类是信息，三类是怡情，四类是人文历史。

在一般人看来，专业类书籍对自己最有帮助，因为它最实用。持这种想法的人一般终生可能只会做职员或技术型人才，很难在管理上有什么建树。

也有一类人对小说、散文、诗歌、科幻等"怡情类"书籍情有独钟，这部分人往往天资聪敏、生性敏感，书读多了以后可能会变成所谓的"文学青年""文艺青年"或"愤青"。要么愤世嫉俗要么多愁善感；要么"粪土当年万户侯"，要么"同是天涯沦落人"。想当年，多少人对琼瑶小说如痴如醉，幻想着自己能与白马王子比翼双飞，到头来却发现自己遇到的大多是黑马王子或者干脆就是癞蛤蟆。于是在生活中时时哀叹红颜命薄，步步感慨造化弄人……这部分人经常将小说中的情景当成了现实的生活。书读得越多，思维离现实就越远，等到如梦方醒才知道后悔已晚。这类人最好从事创作、创意类的思维活动。

人文历史书籍大多被很多人看做是无用之物，因为它很难解决我们日常生活中的柴米油盐问题，但正是这些看起来无用的知识却能够帮助我们将各种知识融会贯通，并帮助我们迅速确定自己的人生坐标。

著名科学家钱学森去世前夕，曾郑重向国家领导人建议：一定要高度重视对科研人员人文素质的培养。钱老的临终嘱托令人深思。

霍英东为什么能在中共十一届三中全会闭幕一个月后就迅速决定在广州建立五星级宾馆，德国大众为什么能最早进入中国汽车领域并获得成功，相信他们对中国的人文历史不可能一无所知。

很多人都有读书看报的习惯，但是很少有人能从中读出财富，但是有的人可以。

1987年11月，34岁的柳传志能从报纸上一则养猪报道中看出"形势要变了"。

1992年底，我的朋友徐北风发现报纸上开始刊登房地产企业的招聘广告，他立刻意识到这个产业可能在未来十几年内会成为一个新型的扩张型产业并立刻决定应聘到房地产企业工作。十几年后，他成为北京物业商会的会长。

中国有句古话叫"书中自有黄金屋"，讲的就是知识可以转化成为财富的道理。

许多人看电视，读新闻只是作为一种习惯性的消遣或借以打发无聊的时光，但事实上新闻资讯中经常蕴含着极为丰富的财富动向。

中国现在通行的大、中学课本中，经常有"政治经济学"一科，很多人觉得不明白：经济就是经济，为何还会扯上政治？

现代社会，不论在中国还是在世界，经济和政治都有千丝万缕的联系。

第一次世界大战爆发在欧洲，精明的美国人、日本人在战前就嗅出了战争的火药味，马上组织生产了大量的军火。一战结束，最大的赢家就是美国、日本的军火供应商。

第二次世界大战中，促使德国走向法西斯扩张道路的除了军国主义之外，还有以军火生产为主的德国大工业资本集团，因为只有战争才会使军火集团产生暴利。

我上海的一位朋友丁伟俊，专做投资生意。早年身无分文的他竟能从新闻动态中一次又一次地捕捉到股票的涨跌。从而在短短十年间赚得上亿身家。这些不但和他长期的信息积累有关，还和他长期闯荡社会的经历有关。

许多人都哀叹自己经历单一，殊不知这是可以改变的。在学校时可以多参加一些文体活动、校外联谊活动；选择大学或打工时可以选择自己完全陌生的城市以增强自己的适应能力；上大学时可多参加些勤工助学活动和跨系、跨校的活动；多和比自己年长的人交朋友以获取他们丰富的生活经验和成长经历（而不是一味地把自己的活动范围局限在同宿舍或同班级）；在学校时就尽可能多的参加各种实习，以使自己的思维和习惯与社会发展保持一致。一句话，经历是自己走出来的而不是别人安排的。

大千世界，芸芸众生。对于大部分人而言，只能靠着习惯，沿着固有的熟悉环境，重复他们父辈曾走过的路。只有那些对未来社会发展趋势能够做出准确判断并勇于尝试的人才能在千军万马中胜出。

第三章　解读家庭

　　家庭是社会的基本细胞，中国的家庭尤其承载着太多的社会功能，但是有多少人对它的功能进行过剖析呢？

第三章 解读家庭

常言道：家庭是人生的第一所学校，父母是孩子的第一任老师。家庭中的重要成员在你的成长过程中，会给你带来这样或那样的影响。这些影响或好或坏，或隐或现，如果你不能充分意识到这种影响的利弊并在实际生活中有意识地除弊兴利，那么你未来的发展就很难突破家庭的影响和束缚。

很多年前，著名作家史铁生曾在一篇名叫《好运设计》的文章中专门论述了家庭出身的种种趣处，他写道：

要是今生遗憾太多，在背运的当口儿，你独自呆一会儿，不妨随心所欲地设想一下自己的来世。干吗不想想呢？我就常常这样去想。

我想，倘有来世，我先要占住几项先天的优越：聪明、漂亮和一副好身体。命运从一开始就不公平，人一生下来就有走运的和不走运的。譬如说一个人很笨，这该怨他自己吗？然而由此所导致的一切后果却完全要由他自己负责——饱受了轻蔑终也不知道这事到底该怨谁。再譬如说，一个人生来就丑，再怎么想办法去美容都无济于事，这难道是他的错误他的罪过？不是。那为什么就该他难得姑娘们的喜欢呢？再说身体，有的人生来就肩宽腿长，潇洒英俊（或者婀娜妩媚，娉娉婷婷），生来就有一身好筋骨，精力旺盛，而且很少生病，可有的人却与此相反，生来就样样都不如人。对于身体，我体会尤甚。

降生在什么地方相当重要。20年前插队在偏远闭塞的陕北乡下，我见过不少健康漂亮尤其聪慧超群的少年，当时我就想，他们要是生在一个恰当的地方，必都会大有作为，无论他们做什么都必定成就非凡。但在穷乡僻壤，吃饱肚子尚且是一件颇为荣耀的成绩，哪还会余力去奢想什么文化呢？他们没有机会上学，没有书读，看不到报纸、电视，甚至很少看得到电影，不知道外面的世界，便只能遵循了祖祖辈辈的老路，日出而作，日落而息，日复一日，年复一年。然后他们娶妻生子，成家立业，才华耗尽变作纯朴而无梦想的汉子。然后如他们的父辈一样地老去，唯单调的岁月在身上留下注定的痕迹。然后他们恐惧着、祈祷着、惊慌着听命于死亡随意安排。再然后倘若那地方没变，他们的儿女们必定还是这样磨钝了梦想，一代代去完成同样的过程。我希望我的来世千万不要是这样。

那么降生在大城市，生在贵府名门，父亲是政绩斐然的总统，要不是个家财万贯的大亨，再不就是位声名显赫的学者，或者父母都是不同寻常的人物，你从小就在一个备受宠爱的环境长大，呈现在你面前的是无忧无虑的现实，绚烂辉煌的前景、左右逢源的机遇，一帆风顺的坦途……这样是不是就好呢？一般来说，这样的境遇也是一种残疾，也是一种牢笼。这样的境遇经常造就了蠢材，不蠢的概率很小，有所作为的比例很低，而且大凡有点儿水平的姑娘都不肯高攀这样的人。

生在穷乡僻壤，有孤陋寡闻之虞，不好；知在贵府名门，又有骄狂愚妄之险，也不好。生在一个介于此二者之间的位置上怎么样？嗯，可能不错。

这样的位置好虽好，不过在哪儿呢？

你最好生在一个普通知识分子的家庭。

也就是说，你父亲是知识分子，但千万不要是那种炙手可热过于风云的知识分子，否则"贵府名门"式的危险和不幸仍可能落在你头上；没有一个健全、质朴的童年。

一个人长大了若不能怀念自己的童年，当是莫大的缺憾。你应该有一大群来自不同家庭的男孩子和女孩子做你的朋友，跟他们一块儿认真吵架翻脸，然后一块哭着和好如初。当你父母不在家时，把好朋友都叫来，痛痛快快随心所欲地折腾一天，把冰箱里能吃的东西都吃光，然后载歌载舞地庆祝。你还可以跟你的朋友一起去冒险，拿点儿钱，瞒过父母，然后出发，义无反顾。把新帽子扯破了、新鞋弄丢了一只没关系，把膝盖碰出了血在白衬衫上洒了一瓶紫药水没关系，你母亲不会怪你，因为当晚霞越来越淡夜色越来越浓的时候，你父亲也沉不住气了，你母亲还庆幸不过来呢。"他们回来啦，他们回来啦！"仿佛全世界都和平解放了，一群平素威严的父亲都乖乖地跑出来迎接你们，同样多的一群母亲此刻转忧为喜，光顾得摩挲你们的脸蛋和亲吻你们的脑门儿。一个幸运者的童年就得是这样。

你的母亲也要有知识，但不要像你父亲那样关心书胜过关心你。也不要像某些愚蠢的知识妇女，料想自己功名难就，便把一腔希望全赌在了儿女身上，生了个女孩就盼她将来是个居里夫人，养个男性就以为是养了个小贝多芬。一个幸运者的母亲必然是一个幸运的母亲，她教育你的方法不是来自于教育学，而是来自她对一切生灵乃至大地万物由衷的爱，由衷的战栗与祈祷，由衷的镇定和激情。她难得给你什么命令，她深信你会爱这个世界。

……

史铁生讲的这番话当然只是人生的一种设计，但它从一个侧面反映出家庭对于人生的重要性。事实上，人出生的时间和地点、父亲和母亲是无法选择的。

当一个人呱呱坠地的那一刻，他就应该睁大眼睛认清自己所处的环境。但很多人穷其一生都很难走出家庭的束缚。

今天的世界，私有制仍然盛行，世袭现象仍然存在，所以家庭对个人的影响仍然十分巨大。

在美国，老布什之后有小布什、克林顿之后有希拉里；在日本和印度，出现了很多政治世家，如福田康夫家族、尼赫鲁家族等。

在中国，很多民间手工技艺和医学秘方都是在家族或家庭成员之间相传。在文学艺术领域，继承上辈技艺的也大有人在。如梅葆玖继承了梅兰芳；侯耀文继承了侯宝林；舒乙继承了老舍；马东继承了马季（父亲说相声、儿子做主持）；在演艺界，这样的例子更是不胜枚举：如成龙父子、张国立父子、潘长江父女……

一个人生活在什么样的家庭既无法选择也无谓好坏。

一个从小生活在城市的青年可能由于见多识广而少了些许深刻；而一个从小生活在农村的青年可能举止粗俗而毅力超群。前者可能适合外交，后者可能适合创业，关键是看你如何选择。

常言道：父母是孩子的第一任老师，此话确实不错。

一般的讲，父母会在所从事的职业、性格、教养方面给子女以较大的影响。

中国从古代起就一直流行"子承父业"，某种意义上也意味着子承父业存在着许多先天的行业性优势。

一个性格孤僻的父亲很可能会孕育出一个离群索居、暴力成性的孩子；一个轻浮浪荡的母亲很可能会培育出一个叛逆成性的子女；一个习惯强词夺理的孩子经常有一对出口伤人的父母。

从理论上讲，人生而平等，但事实上绝对的平等是不存在的。一个人历经千辛万苦的终点可能是另外一个人理所当然的起点。

1978年2月，荣智健南下香港。行前，荣毅仁盘算良久，记得当年他父亲在香港开办了数家纺织厂，其中的股息和分红30多年一直未动，荣智健在父亲的授意下一一结算，竟得一笔不菲的资金，这成了他闯荡香江的资本。当年12月，他与两个堂兄弟合股的爱卡电子厂开业了，总股本100万元港币，三人各占1/3股份。

荣家的后代在上个世纪七十年代一出手就是几十万，而这个数字直到今天也是那些从山里走出来的青年历尽千辛万苦才可能达到的目标。

由于私有和世袭的存在，人世间的这种不平等几乎时时处处存在。但从另外一个角度讲，人类又处处充满平等。

一出生便有万贯家私继承的人可能少了很多创业的乐趣和体验。这就是我们看到的历史上的那些皇帝们为什么大都一代不如一代，那些富人们的后代不是挥金如土就是吸毒淫乱。

那些拥有出众容貌的男女在早年时经常把属于上天恩赐的姿色发挥得淋漓尽致，而在晚年时大多年老色衰、孤独无依。

作为父母，必须让子女明白：哪些是家庭先天的优势，哪些是孩子自己后天的努力。

中国的父母有三大恶习：从不实事求是分析孩子的现状；从不考虑孩子的真实愿望；从不和子女平等对话。

在中国的很多地区，很多家庭依然信奉"子承父业""学而优则仕""攀龙附凤""棍棒之下出孝子""父为子纲""父母在，不远游"的历史理念。

由于遗传基因的存在，每个人的先天智力和性格特征是不同的。可惜大多数家长并不愿意相信这一点。他们经常不顾子女的实际情况，一味的跟风"学奥数""学钢琴""学舞蹈""学绘画""学航模"……在农村，由于家庭条件所致，大多数家长对孩子采取放任自流的态度，结果却可能无心插柳地培养了子女独立生活的能力。而在城市，愚昧的父母们像中了魔一样不顾孩子的死活，一次又一次地驱赶着孩子们走进各种"学习班"，以期"别输在起跑线上"。两者相比，后者造成的恶果经常比前一个还要大。

许多父母经常把孩子看成自己的私有财产，除了动辄打骂责罚外，经常替子女做主：不仅替他们上学做主，还对他们的交友、甚至婚姻做主。在这种情况下，子女对抗、出逃、自杀等事件便层出不穷地上演。

我上海的一位朋友老丁回忆起自己的少年生活时神情悲凉："我的父

亲是一位工厂的小职员，一辈子没做过领导，唯一的领导职务就是做家长。于是他把在单位受到的训斥、在社会上受到的欺压一股脑的通过棍棒全发泄到我的身上，我十几岁时经常被父亲打得遍体鳞伤。从16岁到26岁，我有整整十年没回过家，常常混迹于车站、码头、茶楼、酒肆中讨生活，我父亲从没寻找过我一次。"

我的朋友现在是个亿万富翁，他说正是父亲对他的这种恶劣态度，才造就了他凡事特立独行、万事不求人，在艰难中寻找致富的缝隙并最终取得了成功。早年的不幸造就了中年的成功，但却在心灵深处留下了难以忘却的伤痛。生活的公平和不公平在他身上体现得淋漓尽致。

一般地讲，那些拥有权力、拥有财富的父母常常会不自觉地把自己在事业上的成功运用到子女的教育中，处处显示自己的威严和自信，从不允许子女表达不同的意见或有自己独立的主张。久而久之，给子女带来了不可磨灭的创伤，子女要么消极应对人生，要么浪荡成性、玩世不恭。

在生活中，最常见的是家长们习惯于高高在上，动辄训斥孩子"你懂什么！"在这一次又一次的训斥中，孩子的好奇心、发现力、自尊心被家长们打击得荡然无存。久而久之，孩子们便要么产生逆反心理、要么对各种新鲜事物兴趣索然，最终可能一切随波逐流。

生在这样的家庭无疑是不幸的。但这是今天中国大部分孩子所面临的现状。作为子女，必须分析家庭的现状，分析自己的成长环境，这样既有助于认识自己，又有助于自己未来道路的选择。

在日常生活中，"子承父业"常常是很多子女的选择。这样的选择并没什么不好。在子承父业的行列中，作为子女可以从小耳闻目睹受到环境的熏陶或得到父母的言传身教，最主要的是父母在这一行业的人脉关系。中国现在是个竞争生存的国家，但人情的因素在各个领域里依然存在，如果子承父业可以获得比常人更为优越的人脉资源和技术优势。

但是，并不是所有的人都适合子承父业，有的领域需要很高的天赋。比如说徐庆平继承了徐悲鸿的绘画事业，但常香玉的子女们却鲜有在豫剧领域中出类拔萃者。"江山代有才人出"的情况没有出现在常香玉的子女辈中而是出现在孙子辈中，小香玉现在的名声在豫剧领域如日中天。

中国跳水队一位功勋卓著的总教练一生培养了许多世界冠军。他在一次接受记者采访时谈到了自己的子女，他说："他们不行，跳水是需要天赋的，既有后天的领悟力，更需要有身体的先天条件，我的孩子身体条件不够好，不是那块料。"

曾写过《活着》《兄弟》等名著的作家余华，中学毕业后曾在父亲的安排下进入家乡镇卫生院做了一名牙医。因为他的父母本身就是医生。但是余华对这个职业充满了厌倦，不久，他开始了小说创作。

实际生活中，我们虽然看到了许多人子承父业，但很遗憾，真正能够"青出于蓝而胜于蓝"的案例并不多见。

对于许多普通家庭，其最常见的现象是：父辈们经常把自己未能如愿的事业转移到自己的子女身上，希望子女们继承自己未竟的事业或填补自己平生不能实现的空白。比如父母曾想做一名医生而未能如愿，就拼命鼓励子女学医；父母没能考上大学就一门心思企求子女必须考上大学……这类父母一般把子女当成自己人生的延续，有的甚至到了变态的地步。

作为子女，首先要客观分析家庭中的重要成员所从事的职业对自己有哪些影响。比如财会出身的父母大多会斤斤计较、谨小慎微；商人出身的父母则会表现出时时精明、事事算计的特征；军营出身的父母严肃刻板，性格刚毅而作风强悍；文人出身的父母可能天马行空、思维跳跃。子女从小和父母生活在一起，父母的职业特点、性格特征、思维模式不可能不影响到自己。

子女要想清楚地知道家庭影响对自己的利弊，必须跳出家庭的范围才可能进行有效的思考。办法主要有三个：一是多参加集体活动，可以和同龄人进行比较；二是在求学和求职过程中选择远离家庭所在的地域，一个人在成长过程中个人的活动半径越大，他（她）受父母的影响就越小；三是平时多思考，在实践中找出父母性格的不足及对自己的影响。

在中国的城市，现在独生子女占大多数。一般而言，父母都不愿子女单独远行，希望子女在自己的羽翼下生活，但事实上这又是不可能的。在父母的羽翼下生活虽说少了些生活的艰辛但同时也少了许多创业的乐趣。人生本来就是一个过程，不能由我们的父母替我们遍尝百草而我们自己对一切麻木不仁、听之任之。

在清楚地了解家庭成员的情况后，作为子女要在求学和求职的实践中发现自己的兴趣，如果这个兴趣和父母的优势或希望吻合当然皆大欢喜；如果不吻合，要耐心地说服父母并和父母经常沟通，告诉他们自己愿意承担失败，告诉他们自己愿意努力尝试，告诉他们自己这样的人生很快乐并时时向父母请教方式和方法，相信除了极少数人格残缺、冥顽不化的人外，天底下大多数父母会认可子女的选择。

家庭成员对子女的影响不可能在短时间内消失，作为子女需要在日常生活中有意的通过比较鉴别来分析自己成长中的性格缺陷，唯有如此，才可能不断地完善自己，走出自己特立独行的人生。

很多人成年后的性格缺陷、不良习惯甚至心理疾病大都来自儿童和少年时期父母的不恰当教育和影响。

曾有这样的案例，一名22岁的大学毕业生在自述中这样说道："临毕业前两个月，我第一次在一场大型的招聘会上递交了几十份个人简历，我都是在一些大企业、大公司投的简历。招聘单位说过一个星期会通知面试，当时自己心里还挺幸福，心想总会有一两家大公司会录用我。过了三天，有一家公司通知我去面试。面试时，心里挺紧张，以至于说话有点抖。面试结束后，他们告诉我若通过第一次面试会有第二次面试。在等待第二次面试的日子里，我手机天天开着，连晚上都开着机，结果一个星期、两个星期过去了，没人通知我第二次面试，也没有其他公司通知我。马上就要毕业了，工作还没有着落。我每天晚上总在想：为什么找不着好工作？是不是因为我的学校不起眼，不是名牌大学？这时父母亲的话在我耳边想起：只有名牌大学毕业生才能找到好工作。越想越觉得自己找不到好工作就是这个原因。现在特别后悔当初没考上名牌大学，心情也越来越烦，食欲也下降了。找工作也是竞争，因而也不好意思问其他同学……

上面的例子司空见惯。可以想象到，这名同学的父母对子女一定要求很严，且经常给他灌输一些不正确的理念，并且从小缺乏挫折教育，以至一件很平常的事竟然会导致这名同学食欲下降、心情烦躁。其实，只要在日常生活中多和同学、朋友交流，多了解一些亲眼目睹或听来的失败案例就会有效地平衡自己，走出焦虑的情绪。

另有一起案例，讲述的是：一名刚结婚不到三年的少妇偶然的一次机会发现自己的丈夫有外遇，因此痛不欲生。想离婚，又遭到离了婚的姐姐劝阻，说为了孩子，也为了不让父母受太大的刺激，就凑合过吧，再说就算离婚一样找不到可依靠的男人。虽然丈夫发誓痛改前非，但她觉得狗改不了吃屎，因而越想越难受，越想越愤怒，一看见丈夫就想发火，以至在工作上也接连出错……

……

在日常生活中，这种因情感问题导致的情绪泛化现象随处可见。案例中的女主人公出生在干部家庭，生活条件优越，是家里最小的。母亲的脾气很大，家教非常严。母亲对孩子们交朋友、出门和回家的时间都严格控制，但在吃穿上很溺爱。这样的家庭环境中成长起来的孩子对自己要求很严但同时对别人的要求也很严。由于从小在优越的环境中长大可能会导致孩子居高临下看待周围的人和事，很难设身处地为别人着想。这样的孩子，一定要争取有机会到贫困地区走走，学会和穷人的孩子交朋友，培养自己的同情心和宽容心，如此，对很多问题的看法就会产生不一样的理解，从而帮助自己走出人生的困境。

笔者还遇到另外一个案例：一名平时学习优秀的女高中生，却在高考前非常紧张，总担心自己考不上好大学。越想越怕，越怕越想。晚上睡不着，白天没精神。后来勉强考了一个大学，却在上学期间总也不开心，大学快毕业时交了一个男朋友，在毕业时却被迫分手，为此一度差点要自杀。女孩的家境较穷，从小就看见母亲和奶奶吵架，总认为奶奶是嫌家里穷而偏向二叔家。父亲是普通工人，母亲已经下岗，因为没钱送礼，再就业的机会被别人抢了去。女孩从小很懂事，立志考好大学将来挣钱孝敬父母。但从小却背负了不该背负的重担，以至放大了自己的责任感，把一切不顺利都归结到客观环境差。这种家庭环境成长的孩子一定要有意识地去那些大企业、大机构、协作性强的单位接受锻炼，借以改变自己孤僻的性格。

总之，一个人生长的先天环境是没法选择的，事实上也无所谓好坏。但一个人在成长过程中一定要认真地对家庭环境进行分析，尽可能找出由于受家庭环境的影响而导致自己的性格缺陷或能力缺失，并在实际生活中有意识地予以矫正。

如此，方可在竞争中胜出。所谓知己知彼、百战不殆。

第四章 认识和分析自己

知己知彼，才能百战不殆。在知己和知彼之间，首要的问题是知己。

第四章 认识和分析自己

必须承认，由于基因的存在，人和人存在着先天的区别：有人长于演讲，有人精于计算，有人善于想象，每个人都有自己的生存之道，都有最适合自己发展的某些潜质，谁能最早意识到这一点，谁就会走得更远、飞得更高。

在日常生活中，我们经常会听到："我不知道自己该往哪个方向发展？""我不知道自己适合干什么？"诸如此类的问题。

很多人在成长的过程中其实没有认真静下心来分析过自己。

在人才学家眼里，每个人都有自己的长处，只是每个人的智能结构和优势的侧重点不同而已。

美国哈佛大学教授，著名心理学家霍华德·加德纳博士提出过一个"多元智能理论"，我认为这个理论很有意思，值得大家了解一下。在这位美国博士看来，每个人至少存在着8种智能：语言智能、音乐智能、数学逻辑智能、视觉空间智能、身体运动智能、人际交往智能、自省智能和自然观察智能。

世界上绝大多数人智力水平其实都相差不大，区别只在于各自的智力优势不同，多数人都会在一两种方面具有比较突出的优势，通才并不多见。

一个人将来能否成功，很大程度上在于能不能发现自己的智能优势在哪里，能不能找到自己相应的成功领域。

整天忙于功课、忙于求职、忙于创业的我们不妨静下心来，想一想自己的优势究竟在什么地方？

第一个智能，语言智能。想一下自己是不是喜欢读书、写作，喜欢朗诵，喜欢一些关于文学的游戏，猜谜语、读外语、讲故事、听写。

韩寒的故事大家都听说过。上中学时六门功课他有五门不及格。但是他对语言非常敏感，作文写得很好。上海当年搞了一个新概念作文大赛，他获得了一等奖。后来他干脆退学写起了小说，现在又办杂志。

按照传统的观点，作为人才，韩寒肯定是不合格的。但事实上，韩寒正是在学习中发现了自己的语言优势，从而找到了自己发展的坐标。如果他的父母硬要他去考大学，去学医，去学计算机，他不仅可能默默无闻，而且很可能酿出悲剧。

第二个智能，音乐智能。看看自己是不是喜欢唱歌跳舞，弹奏乐器，听CD或音乐会。有的人听觉特别发达，表现出对音准和声音变化的高度敏感，并能迅速而准确地模仿声调、节奏和旋律，这些都反映你有没有音乐智能。

我们大家都在电视上见过一位与众不同的乐团指挥——舟舟，这位20多岁的弱智青年，智力只相当于几岁的儿童。在舞台上却身穿燕尾服、手执指挥棒，无比娴熟地指挥着一个庞大的乐团。

还有，我们在北京奥运会上看到的那位盲人歌手，虽视力为零，但他的歌喉却有无比的穿透力，他对音乐的理解也非一般人所能及。

第三个智能，数学逻辑智能。看一看你是不是很喜欢计算，容易理解数字、数学的概念，对科学感兴趣。比如说，喜欢解难题，喜欢计算机，喜欢编密码、编程序，喜欢科学实验。

中国著名的数学家陈景润在成为数学家之前曾在学校当过老师。不善语言表达的他很显然不是一个好老师，几乎到了要被学校解雇的地步。知道陈景润喜欢数学的中国科学院数学所的领导顶着压力把他调到了数学所，在那里，他如鱼得水，终于攻克了哥德巴赫猜想中最难摘取的一颗明珠。

世界著名的微软公司创始人比尔·盖茨也是中途退学。但他对计算机有着很高的天赋和兴趣，顺着这个兴趣一路走下去，他终于成了计算机领域和企业界首屈一指的人物。

与陈景润、比尔·盖茨相似的例子有钱钟书。当初钱钟书报考清华，入学考试数学仅得了15分，所幸语文、英语特别优秀，遂被破格录取。钱钟书一入清华，便创造了多项纪录：读书数量第一，发表文章第一，考试成绩第一，独抒己见、口出狂言第一。表现出了极强的语言天赋，而数学成绩依然一塌糊涂。

第四个智能，图形才能、视觉空间智能。仔细想想，你是否喜欢画画，喜欢设计，喜欢建筑，是否很有想象力；是否喜欢把自己的发现表现给别人看，看东西做记录都是又快又好。如果是这样，说明你具有相当的空间智能。

我小的时候酷爱画画，还只有四、五岁的时候，就经常拿石笔（一种用特殊石料做成的笔，能划出白色的线条，现在这种笔已很少见）在院子的石板上涂抹，上小学时每天都会画两个多小时，当时学校里的板报、墙报都是由我来执笔。我自己觉得空间感觉很好，初中时的平面几何、高中时的立体几何都学得很好。小学时，我家过年的年画都很少买，都是贴我画的水彩画。但是我的绘画生涯在初二时就不得不结束了。主要原因来自三个方面：一是家庭贫困，正常的学费都难以保证，画画用的颜料、纸、笔等就更难保证了；二是受正统观念的影响，觉得画画乃"不务正业"，学习文化课才是正途；三是缺乏师资，当时学校里并没有专门的美术教师，只是县文化馆里有一名绘画老师，但他也没受过专业训练，只是爱好而已，由他来指导我，效果可想而知。

我的绘画生涯就这样"不明不白"地结束了，我一直认为自己有可能成为一名优秀的画家,但是生于穷乡僻壤,我无可奈何。十几年前,我曾和徐悲鸿的儿子徐庆平谈起过我的这个爱好并曾得到过他的鼓励。我已经决定,等我50多岁时,重新开始我的绘画生涯,以圆我年少时的梦想。直到现在,我对所有的画家都充满了无比的敬意。

第五个智能,**身体运动智能**。看看你有没有身体协调的才能。比方说你的身材怎么样;你的动作是否非常灵活;是不是善于运动,喜欢跳舞,善于用自己的身体来表达情绪;或者喜欢手工,制作模型,修理各种器具。

很多运动员成绩可能一般,但大部分人从小便具有极高的运动天赋。比如说一大群孩子都没受过舞蹈训练、体操训练。但一旦乐曲响起,有的孩子动作就非常灵活,有的就很笨拙,这就是运动智能的区别。

2009年夏天,我在印尼的一个小岛上度假。这是一个非常适合家庭度假的岛屿。每天晚上,度假村会举行晚会,而小演员则全部从游客的孩子中间产生。这些小演员在下午接受大约两个小时的舞蹈训练后在晚上登台演出。演员们来自美国、英国、中国、日本、韩国、澳大利亚、加拿大等十几个国家。同样的训练时间、同样的教练,却可以看到:有的孩子舞姿优美;有的孩子则动作迟缓。而他们中运动智能的优劣和所来自的国家并没有必然的联系,可见这是全世界的共性。

第六个智能,**人际交往的智能**。你可以将自己从小到大的经历逐一细数。看看自己的朋友是不是很多,是不是很善于和别人打交道,是不是当过学生干部或社团骨干,是不是很善于组织别人,是不是同龄人的小中心,如果是,说明你有较好的人际交往才能。

第七个智能,**自省智能**。即对自己的感情非常了解,对自己的优点、缺点很有自知之明,喜欢写日记,喜欢做计划,喜欢设计自己的目标。有这种品质的人往往会成为卓越的管理者。

历史上,像孔子、诸葛亮、周恩来等人就有较强的自省智能。

第八个智能,**自然观察智能**。有自然观察智能的人很善于观察周围的世界。比如对蚂蚁、蜜蜂很感兴趣，喜欢分辨动物、植物，喜欢收集东西，喜欢户外活动，喜欢养宠物，喜欢环保、生态一类的项目。

达尔文少年时代就整天在自然环境里玩耍，正是在大自然中认识了各种各样的昆虫，并因此对小虫子产生了浓厚兴趣。后来，这种兴趣变成了他的执著追求，并引导他成为一个伟大的划时代的生物学家。

但是，在中国，以现有的国情，能放手让孩子自由玩耍的父母恐怕很少。中国的古训是"玩物丧志"，在这种思想支配下的中国父母们大都崇尚"学而优则仕"的模式，大家喜欢千军万马挤独木桥，很少有家长考虑子女的个体特征。

……

上面讲的八种智能的划分方法尽管不是唯一、权威的划分方法，但它确实有很多科学之处。它承认每个人都有八种智能，只不过每种智能在个人智能总和中所占的比重不同。

比如，运动员肯定是身体运动智能排第一；作家、教师肯定是语言智能排第一；外交家们肯定是人际交往的智能排第一。一个孩子的数学逻辑智能并不突出，但父母偏要逼着他学奥数，效果自然适得其反；有的人喜欢唱歌跳舞，但你却不让她发展这方面的智能，偏偏要逼着她学医、学会计，她的痛苦可想而知。

在计划经济时代，流行"我是一块砖，东南西北任人搬""干一行爱一行"。这种模式在一定程度上否认了人的特长和兴趣，在很多情况下不能做到"人尽其才"，造成了事实上的人才浪费。

现代社会，人们的选择高度自由，再也不用像过去那样等待分配、等待安排了。人们可以尽情选择自己的道路，可以自由安排自己的生活。但是，问题又随之而来，新的困惑出现了：很多人徘徊在十字路口，不知路往何处？

第五章 **人生的跑道**

　　人生如赛跑，尽管起点相同，但到达终点的先后顺序可能各不相同，而转弯处是最容易分出水平高低的地方。

第五章 人生的跑道

"革命"虽然不分先后，但人生跑道的选择却是越早越好，尤其是对体育、音乐、舞蹈、绘画、科技等专业性很强的领域就更是如此。专业无好坏，行业无高低，关键看是否适合你。对于大部分人而言，在分析社会需求和家庭特点的基础上，根据自身特点确立发展方向无疑是人生最重要的一个环节。

对于大部分城市青年来说，对人生跑道的选择大部分在大学毕业之后。在此之前，绝大多数人都会按部就班地从小学读到初中、高中，再到大学。

对于一部分城市青年和大部分农村青年而言，对人生跑道的选择则发生在初中毕业之后。

而对于那些具有特殊智能和天赋的人来说，对人生道路的选择恐怕要更早。比如舞蹈、音乐、体育等人才。

对于很多青少年的家长来说，最大的困惑是不知道自己的孩子究竟哪方面突出？

面对这种情况，在条件许可的情况下尽可能让孩子多去尝试一下，不要以成败论英雄，让孩子去运动、去观察、去听音乐、去画画、去交往，从中观察你的孩子什么方面做得最好，什么方面做得最轻松，这可能就是他的智能优势，这也可能就是他今后的发展方向。

请读者注意我上面提到的"条件许可"几个字。在中国现有的情况下，能达到上述"条件许可"的家庭只是少数。大部分家庭由于贫富差距和城乡差别而达不到"条件许可"的地步。

《士兵突击》里的许三多从小生活在农村，他没有别的特长，唯一能算得上特长的就是长跑。但这个特长在农村基本上没什么用处，少年时用来"捉迷藏、躲猫猫"，撵鸡追狗可能还派得上用场，到青年时这个特长几乎没什么用武之地。如果他生在城市，他完全可能在运动会上一鸣惊人，或被教练发现而成为一名长跑运动员。

余华的小说《活着》里主人公福贵的儿子从小也练就一身长跑的本领并在学校运动会上崭露头角，但他生活在一个特殊贫困的年代和特殊贫困的家庭，他不但没能圆运动员之梦而且过早失去了自己的生命。

我自己从小也酷爱画画，但由于家庭贫困，到初中时就不得不忍痛割爱，放弃了这门爱好。

必须承认，个人道路的选择在很多时候必须具备一定的前提条件和时代背景。

我们可以想象，如果没有秦末农民战争，刘邦、萧何、周勃等至死也不过混个县级小吏；如果不是元末农民起义，朱元璋可能早就饿死在乞讨路上。

对于很多人而言，人生道路的选择并非出自主动而是来自被迫。

蒙牛的掌门人牛根生从事奶制品行业并非自己主动的选择，而是完全来自生活所迫。

牛根生是个苦孩子，生下来一个多月就被人从乡下卖到了城里，价值只值50元钱。他不知道自己姓什么，因为收养他的人是养牛的，所以他就姓了牛。他的养父从抗美援朝结束后一共养了28年牛，于是牛根生从小便在牛群中长大。那一年，养父去世了，牛根生抹干眼泪，接过牛鞭继续养牛。虽然这并非他的选择，但由于生活所迫，他只能如此。

接过养父的牛鞭又继续养了五年牛以后，牛根生出于惯性，到一家"回民奶制品厂"当了一名刷瓶工，在那里他一干就是16年，后来他创办了蒙牛集团。

和牛根生的经历相似，出生于温州的南存辉由于贫穷，在13岁时就不得不辍学，成了一名走街串巷的补鞋匠。这显然不是他的选择。很多年以后，他回忆道："补鞋稍不留神，锥子就会深深地扎入手指中，鲜血顿时涌出。只好用片破纸包上伤口，含泪继续为客人补好鞋。那阵子，我每天赚的钱都比同行多，我凭的就是自己的速度快，修得用功一点，质量可靠一点。"

尽管十分不情愿，但南存辉还是靠着补鞋完成了他最初的原始积累。6年后，这位修鞋匠在破屋子里建起了作坊式的开关厂。20年后，他创办的正泰集团成为中国最大的私营公司之一。

1978年，27岁的文学青年王石每天睡在当时还是小镇的深圳一家建筑工地的竹棚里。他当时的工作内容是在深圳笋岗北站检疫消毒库现场指导给排水施工。这份工作也不是他的选择。在计划经济年代，国家包分配，1977年，王石从兰州铁道学院毕业时，被分配到广州铁路局工程五段，担任给排水技术员，这份工作让王石感到乏味和枯燥。

不甘接受命运摆布的王石在两年后离开了技术员的工作岗位。他先是应聘到广东省外经贸局，继而下海经商，直到后来成了闻名全国的万科企业的董事长。

但是对于大部分人来说，给排水技术员的岗位完全可能成为终生的职业。他们尽管对现实百般不满，但是却不试图去改变它。其中最主要的原因不外乎两条：一是他们已经习惯了某种工作状态和职业环境，并且产生了某种依赖性；二是重新选择，可能会丧失许多既得利益，甚至大伤元气。这种想法用经济学的词汇来表达就叫"路径依赖"。即人们一旦进入某一路径（无论是"好的"还是"坏的"）就可能对这种路径产生依赖。

西方世界有一则关于"马屁股的宽度"的故事似乎很能说明这个问题。

美国铁路两条铁轨之间的标准距离是4英尺8.5英寸，这是一个很奇怪的标准，究竟是从何而来的呢？原来这是英国的铁路标准，而美国的铁路原先是由英国人建的。那么，为什么英国人用这个标准呢？原来英国的铁路是由建电车轨道的人所设计的。而这个正是电车所用的标准。电车轨道标准又是从哪里来的呢？原来最先造电车的人以前是造马车的，而他们是沿用马车的轮宽标准。

那么，马车为什么要用这个一定的轮距标准呢？因为如果那时候的马车用任何其他轮距的话，马车的轮子很快会在英国的老路凹陷的路辙上撞坏的。为什么？因为这些路上的辙迹的宽度是4英尺8.5英寸。

这些辙迹又是从何而来呢？答案是古罗马人所定的，因为在欧洲，包括英国的长途老路都是罗马人为他们的军队所铺的，4英尺8.5英尺正是罗马战车的宽度。如果任何人用不同轮宽在这些路上行车的话，他的轮子的寿命都不会长。

那么，罗马人为什么以4英尺8.5英寸为战车的轮距宽度呢？原因很简单，这是战车的两匹马屁股的宽度。

因此，我们可以这么认为：今天世界上最先进的运输系统的设计，是两千年前便由两匹马的屁股宽度决定了。这就是路径依赖，虽然有些幽默和搞笑，但却是事实。

由于家庭条件等先天限制，很多人无法在选择人生跑道的路上拥有更多的"试错"机会。在一个就业压力十分沉重的时代，很多人是在匆忙之中完成了自己人生道路的第一次选择。而这个"选择"很可能变成他的终身职业。

1980年，在北京，一个叫刘桂仙的中年妇女意外成了北京第一张个体餐馆执照的拥有者。一时间，她成了中外媒体聚焦的对象。第二年，陈慕华和姚依林两位副总理竟亲自给她拜年。自她和她的"悦宾餐馆"

开始，一个叫"个体户"的新名词开始在全国流行，刘桂仙无意中成了那个年代的新闻人物。后人在称羡她的同时无不佩服她的勇气和探索精神。

然而，事实上刘桂仙开办餐馆并非她的主动选择，而是生活所迫。

刘桂仙是幼儿园的一个勤杂工，家有五个孩子，因为生计实在艰难，便动起了开小饭铺的念头，她的餐馆开在东城区翠花胡同。而这一次的选择竟成了她的终身职业。30年后，人们依然可以在那条狭长而日渐衰旧的胡同里找到那间小小的，只放得下七八张八仙桌的餐馆。

心理学家一般认为：早期选择不能永远决定未来的职业生涯。

确实如此，形成一种成熟的职业观是一个复杂的社会心理过程，贯穿于整个求职期。但大多数人在18～30岁之间将逐渐确立自己的人生跑道。

我在大学做讲座期间，多次听到很多同学抱怨，不知道自己将来能干什么甚至不知道自己想干什么。

这确实是一个头疼的问题，如果一个人对世界未来和国家未来的发展茫然无知，对自己的周边环境麻木不仁，甚至对自己的智能也缺乏清醒认识的话，他对未来的选择将是非常困难的。

实验室里的"试错过程"是将所有的可能性全部演示一遍，将错误排斥，最后得出正确的结论。但是，职业生涯的变数太多，我们不可能一一试验。

如果我们选择的方向不正确，再多的试错过程都是徒劳的。一个内向的人如果想成为成功的推销员，他将会比别人多很多次失败。一个没有音乐天赋的人可能尝试过无数次错误和失败，还是无法成为一名优秀的歌手。我看过湖南卫视搞的"快乐女声"报名活动，很多女孩一看就明显属于五音不全，这种状态下，任凭你如何"试错"也难以成功，剩下的只能是"重在参与"或"自娱自乐"了。

人力资源管理家认为：一个人一生中调整7次职业都是可以接受的，

超过这个限度会对职业生涯造成不利的影响。而这个数字正好是一个星期的时间天数。

调整职业或者说"试错"的主要目的是为了发现和形成自己的核心竞争力。

现代社会对个人的知识和经验提出了更高的要求。这种要求既是广度的又是深度的。泛泛的了解一些知识和经验是远远不够的，你至少必须在某些领域知道的比别人多，做得比别人好。

这就是所谓的"核心竞争力"，它通常是用来描述一个企业的竞争状态，但用在个人身上也很贴切。如果我们经常频繁跳槽，就无法积累某个领域的核心知识和经验，就无法在个人竞争中形成自己的优势。

在一个"世界是平的"的年代里，总的趋势是分工越来越细、越来越专业。没有核心竞争能力的小公司将无法生存，没有核心竞争能力的个人，注定一辈子只能拿微薄的薪水。

核心竞争力的形成需要一个长期培养和训练的过程，而对于那些刚刚跨出校门的人来说，最紧迫的事情是：找一份什么样的工作？换句话说：我将向什么方向发展？

说实话，很多人在选择人生跑道时采取的是一种随波逐流的办法，即跟着感觉走，从来没有静静地坐下来认真思考自己的人生规划。

在确定人生跑道之前，不妨给自己提一些问题：

1．我是谁？

2．我想做什么？

3．我会做什么？

4．环境支持或允许我做什么？

5．我的职业与生活规划是什么？

在清楚地回答出上述问题后，再接着给自己绘制一张职业规划图：

第一步：自我发现

我们前面提到每个人有不同的智能特点，综合自己平时的表现及社会评价确定出自己的优势所在。这可能是一个轻松的过程，也可能是一个痛苦的过程。因为很多人之所以迷惘恰恰是因为不知道自己能干什么。

第二步：设定目标

自我发现只是一种人生感觉，我们需要把自己的人生目标具体描述出来（虽然这个目标可能变动很大）。但有两点一定要注意：这个目标一定是你自己的而非父母和配偶的希望；这个目标一定要切实可行而非遥不可及。

第三步：职业选择

有社会学家根据人的智能结构差别，将大多数人分为六种人格类型：现实型、研究型、艺术型、社会型、企业型、传统型。

现实型：有运动、机械操作的能力，喜欢机械、工具、植物或动物，偏好户外运动。

传统型：喜欢从事资料工作，有写作或数理分析的能力，能够听从指示，服从安排，完成琐细的工作。

企业型：喜欢和人群互动，自信，有说服力、领导力，追求政治和经济上的成就。

研究型：喜欢观察、学习、研究、分析、评估和解决问题。

艺术型：有艺术直觉，有创造、创意能力，喜欢运用想象力和创造力，在自由的环境中工作。

社会型：擅长和人相处，喜欢教导、帮助、启发或训练别人。

和上面六种人格相对应的，人才学家们提出了五种职业定位：

——专业技术人才

——职业经理

——高级管理人员

——创业者

——自由职业者

如果你心中的目标已经确定，你就会清楚地知道自己要选择或接受一份什么样的职业。不论是刚刚走出校门的学生还是40多岁正陷入职业困境的中年人，都可以重新开始自己的选择。

第四步：职业发展规划

大凡事业卓有成就者，大都会给自己订一份详细的职业发展计划。这个计划至少能够回答下列问题。

——要在未来5年、10年或20年内实现什么样的一些职业或个人的具体目标？

——我要选择一个什么样的公司才能实现自己的职业目标？

——为了达到自己的职业目标，应该在哪些个人素质、技能、业务能力、潜能开发方面提高自己。

——是否决定自己创业，何时创业？

第五步：评估和调整

影响职业规划的因素有很多。有的变化因素是可以预测的，而有的变化因素却难以预测。在这种情况下，要使职业生涯规划行之有效，就需不断地对职业规划进行评估和调整。

我曾经和国内许多大公司的人事经理探讨过青年人求职的问题。我问他们："今天的年轻人求职时，最容易犯的错误是什么？"

他们的回答基本一致："不知道自己想要什么。"

确实，我在大学里讲课时，每次都会遇到有人郁闷，不知道自己将来想干什么。很多人既不知道自己能做什么，也不知道自己想做什么。一开始时野心勃勃，充满了玫瑰般的梦想，但是过了而立之年，依然一事无成，于是变得沮丧和颓废，甚至麻木不仁。

大部分人不知道自己的生活目标，工作上努力不过是一味追求金钱与成就，而一旦达到目标，却发现一切都是那么虚空。

不知道自己将来想干什么的人，不妨从下列几个方面着手考虑未来道路的选择：

天 赋

这一点很容易理解，根据智能结构的不同，找出自己最具天赋的方面。比如音乐、运动、舞蹈等。每个人都具备丰富的潜能，有时候会以不同的形式出现。但大多数情况下会长期潜伏，甚至一直到老都没有被挖掘出来。

电视剧《暗算》中，盲人阿炳有惊人的侦听能力，却长期没被人发现。如果不是战争的需要，阿炳的这种天赋极有可能永远被埋没。同样，陈景润如果永远呆在教师岗位上，他出色的数学天赋也许永远都不会被发掘出来。

天赋被挖掘得越早，成才的可能性就越大。

梦 想

有人说过：成功属于那些真正渴望它的人。

当我们无法具体确定自己需要什么时，最简单的方法就是沿着梦想走。

——想一想，从小到大，自己曾梦想过什么？

——将梦想按照时间排序；

——将这些梦想按照强烈程度排序；

——找出那些持续时间最长、程度最强烈的梦想。

我的朋友卫东一直梦想做一名设计师。但中专毕业后被分配到一家市级单位的征费处工作。但他业余时间一直钻研设计，终于在工作8年后开了一家属于自己的设计公司，专门从事室内装潢。

我以前做记者的时候，曾采访过好利来的创始人罗宏。在做蛋糕生意之前，他曾开过影楼，但迫于生计，他转而改做糕点。现在他又成了一名出色的摄影师，每天游走在五大洲的风景区拍摄。

兴 趣

一般而言，对某一职业有浓厚个人兴趣的人比那些勉强为了维持生存需要而工作的人更有活力、更能抵御困难，在职场上也更具有竞争力。

在决定职业去向时你可以问自己几个问题:

——根据迄今为止已有的经历, 你真正喜欢从事的工作是什么?

——闲暇时间你最爱从事的活动是什么?

——什么令你筋疲力尽? 什么激发你的活力?

把兴趣当成职业最突出的人莫过于比尔·盖茨。这位美国人玩起电脑来没完没了, 他的父母一度以为他会一事无成。为了电脑, 他甚至辍学, 但最终他成功了。正是强烈的兴趣将他引向了成功。

我大学的一位同班同学, 毕业后放弃优厚的高薪待遇, 选择了自己特别感兴趣的田园生活。现在她正在新西兰放牛——她们一家拥有一个很大的牧场, 她乐此不疲。

价 值

任何事物都存在一个价值判断, 一个人的价值观直接影响着他的行事风格和生活方式。

如果你认为帮助他人有意义, 那么你应该选择服务取向的职业; 如果生性喜欢冒险, 则可以选择充满刺激的行业……

许多人都可能面临着两难处境: 他们所从事的职业收入丰厚, 但是却痛恨自己所贩卖的产品和服务 (尤其是在市场规则极不规范的社会中) 。比如把有缺陷的房产卖给客户; 把有欺骗性的保单推荐给客人……

这种人生价值和工作价值的冲突, 使我们身心和工作都受到了伤害。唯一解决的办法就是寻找一种职业, 让它与你所拥有的价值观相互协调。公司需要长远发展战略, 个人也需要目光远大, 尽可能使自己的职业选择和自己的价值观念保持一致。

总而言之, 人生跑道的选择越早越好。

第六章　如何选择大学

选择大学就是选择未来的职业方向；选择大学其实也是在选择自己未来的生活方式。

第六章 如何选择大学

选择大学无非选择三个方面：一是大学的名气；二是专业背景；三是大学所在城市的氛围。大学的名气背后是其综合实力，包括师资、图书、学习环境、文化氛围等；专业的背景主要指它在全国或全球同等专业中的实力排名，某种意义上它决定了你未来在这一行业发展可能利用的人脉资源多寡；选择大学所在的城市尽可能与你从小生活的城市具有地理和人文历史方面的较大跨度，这有利于你在不同的文化生态下生存发展。

我们从小便被告知："现在苦一苦没什么，上了大学就好了，爱怎么玩就怎么玩。"但当你果真步入大学这块"乐土"，初探生活的重量时，便会领悟过去关于安乐的幻想只是自欺欺人的谎言。坦诚地说，大学是个步步为营的地方。在"读什么大学"的战略选择中，凝聚着你对未来前途的考量。

鱼与熊掌的艰难选择

名牌大学"牛"在何方

大学的名气，无疑加剧了高考"白热化"的争夺。大概出于"酸葡萄"的心理效应，社会上开始充斥名牌大学的负面新闻，人们争红了脸也要告诉你，北大清华的学生不仅找不到好工作，甚至连生活方面都是低能儿。但如此说来，又怎么解释学生大潮对名牌大学的趋之若鹜呢？

社会对北大清华的丑化，正源于对它们的"神化"。当你在学海中奋勇拼杀时，它们的名字如雷贯耳；当你随着人群严厉审视它们时，它们的名号却因此叫得更加响亮。"名声"是名牌大学首先拥有的雄厚资本。名声代表了外界对于一所大学的认可，并直接反应在它的对外交流项目上。而这些机会恰恰可以帮助你拓展眼界、提高能力，并很有可能成为你进军国际的有力跳板。

据统计，北大目前已与世界49个国家或地区的200余所国际知名大学和研究机构建立了校际交流关系，包括剑桥大学、牛津大学、早稻田大学、香港大学、美国常春藤盟校等中国学生梦寐以求的学术圣地。并尤其以与耶鲁大学的合作最为著名，每学期聆听耶鲁教授授课的学生不下百人，国际暑期班还提供赴英美名校修习学分的机会，每年出访交流的教员和学生超过5000人次。此外，各院系、各国际交流类社团每学期也拥有大量赴欧美等国学习、交流、实习的名额。

不仅如此，北大经常承办半开放性质的国际会议，每年到访的外宾超过20000人次，1998年以来，已有数十位诺贝尔奖得主和21位国家元首在北大发表演讲。此外，北大每日的学者或名人讲座也有6、7个之多。这使活跃于采访领域或志愿服务类社团的学生得以零距离接触各路"大人物"，与他们对话，甚至被他们记住，成为朋友或导师。

只有在名牌大学里，你才比别人拥有更多的机会直面国际大师与社会名流，讲座中他们的经历、教诲可能为你带来前所未有的深刻感悟。只有在名牌大学里，你才比别人拥有更多的机会享受国际化教育。不久前，一个人大的学生朋友曾告诉我，他正在向来自斯坦福大学的英语外教取经，争取到斯坦福大学读研究生的机会；一个北大社会学系的学生朋友也说过，她曾作为学生记者采访过耶鲁大学社会学系的教授，由于专业对口再加上聊的投缘，打算请那位教授帮她写出国留学的推荐信。只有在名牌大学里，你才比别人拥有更多的机会出国访问，体验异国的学习生活，这会帮助你尽早确立留学志向，增广见闻，并为自己未来的留学申请或者工作简历增光添彩。

简言之，正因为名牌大学拥有一定的国际知名度，受到国际社会的认可，你的声音才可能更便捷、更有力地被国际听到，聪明人是善于把握机会的人。

良好的学习氛围与学术资源也是名牌大学的王牌之一。据统计，目标是建设世界一流大学的国家"985工程"已向北大和清华分别拨款18亿元，向浙江大学拨款14亿元，向北京师范大学、南京大学、复旦大学、上海交通大学分别拨款12亿元等等。国家强有力的支持，使得名牌大学有更雄厚的资本充实优秀教师队伍，改进研究条件，发展高精尖科研项目。

名牌大学的学生确实承受着更大的精神压力，他们必须同全国各地的省状元竞争。但在一个积极进取的集体中的个人，难免会受到周围环境潜移默化的影响。当你开始意识到自己的浅薄、无知，学着打磨掉骄傲，埋头追赶时，你的起点与普通院校学生已不在同一水平线上。新东方集团总裁俞敏洪在北京大学读书时非常刻苦，处处向班长王强看齐，甚至比别的同学每天多学习两个小时，但是奋斗了四年，仍是班里的最后几名。毕业典礼上他说："大家都获得了优异的成绩，我是我们班的落后同学。但是我想让同学们放心，我决不放弃。你们五年干成的事情我干十年，你们十年干成的事情我干二十年，你们二十年干成的事情我干四十年。"俞敏洪的韧性固然是性格使然，但也不能否认大学环境对他的促进。不必嘲笑北大学生卖猪肉，他们心灵的韧性与力量，他们对于上进的追求，对于勤能补拙的信念，足以使一般人难以望其项背。这是大学氛围赐予一个学子一生的礼物。

名牌大学还能为你带来意想不到的"广告效应"。首先，考上名牌大学本身，就是你向社会发出的强有力的信号，因为它代表了你的实力。虽然有时普通院校的课业负担比名牌大学重，但教师质量的不同却直接导致了教学质量的差异。"严师出高徒"是很多明星教授的授课准则。也许你会痛恨又难又灵活的作业与考试，但越是顺利地通过复杂的学业，越代表了你的自学、理解、应变、创造与逻辑思维能力。你的导师越因为严格而出名，你越容易得到用人单位的认可，这就像为什么人们喜欢买被ISO9001认证的商品。这就是经济学所称的"广告效应"。在学生时代经受考验的严格程度，直接决定了你的实力与魅力。

"广告效应"还取决于你在大学时代积累的人脉资源。斯坦福研究中心曾经发表一份调查报告，结论指出："一个人赚的钱，12.5%来自知识，87.5%来自人脉关系。"美国好莱坞流行这样一句话："一个人能否成功，不在于你知道什么，而是在于你认识谁。"可见良好的人脉是一个人通往财富、成功的入门票。在所有的人脉关系中，"学缘人脉"是最容易积累的。因为血气方刚的青年尚不懂得对他人设防，青年之间会很快熟络起来，并在四年的校园生活中培养起亲密的感情。步入职场后，小学、初中的朋友可能早已疏落，但昔日的大学情谊却是每个人难以忘怀的。在这样一个个小集体中，你可以获得宝贵的信息，得到及时的帮助，人脉圈常常成为创业的聚集地。在《唐伯虎点秋香》中扮演如花的李健仁曾与周星驰同桌，毕业后他一直做一些跑龙套或者幕后的小活。但在周星驰的帮助和重用下，李健仁的出场费比当年至少涨了十倍，也成为令观众们刻骨铭心的优秀喜剧演员。在名牌大学中，你所掌握的更是一张日后注定会飞速发展的人脉网。看看你的四周，那些攒动的人头将是未来的国际著名律师、主治医师、第七代著名导演、商界大亨、知名教授，甚至是未来的党和国家领导人。他们为你在事业上提供的帮助，将是不可限量的。因此，学会妥善积累与运用直接人脉资源（同学）和间接人脉资源（校友），将是你在大学必须上好的重要一课。

名牌大学虽好，但并不是每个人都能轻松考取，对于大部分人来说，大学生涯恐怕只能在普通的学校度过，这就需要报考者在所学专业和就读的城市上下工夫，这两项选择好了，一样可以胜过在名牌大学读书。

苦于专业分冷热

高考毕竟是一项比拼分数的竞技，许多在分数上属于"中产阶级"的学子常为挤不进"上流社会"而苦恼，面临着高不成低不就的尴尬境地。是选择最好大学的最冷门专业，还是选择普通院校的名牌专业呢？北京大学考古系的学生，与对外经贸大学会计专业的学生，哪一个更有竞争优势、更有幸福感呢？答案很可能是后者。选学校还是选专业，是高考填报志愿时的熊掌和鱼。

然而一些家长和学生过分看重了专业的排名及热门程度，导致所谓的热门专业录取分数线飙升，近些年来，某些重点学校的商科及经济学专业的分数线竟比本学校的录取分数线高出50分左右。许多杀出重围荣升重点大学的学生，却因为分数的限制而被迫调剂专业。与心仪的热门专业擦肩而过，无疑成为学生与家长心中永远的痛。

然而专业有冷热之分这个事实，我们只能接受，无法改变。因为专业的冷热代表了近几年来国家对于某方面人才的大量需求。意大利学者克罗齐曾说："一切历史都是当代史"；同样，专业的冷热仅代表当下人们对于它的期许，并不能代表未来该专业前景的发展变化。这便要求我们对专业发展前景具有一定的敏感及前瞻性。要知道，"好"专业不一定有好就业，"坏"专业也不一定没有好就业。

前瞻性，就是结合中国未来发展的需要。据专家剖析，未来几年乃至十几年内，中国十大热门职业分别为理财规划师、系统集成工程师、律师（特别是具有处理国际事务能力的律师）、物流师、注册会计师、营销师、环境工程师、精算师、医药销售中西医师、管理咨询师，相应的十大热门专业分别为：

类别	相关专业
电子信息类	电子信息工程、通信工程、信息对抗技术、信息工程、信息与计算科学
生物技术类	生物技术、生物工程、生物资源科学
现代医药类	药物制剂、制药工程、生物医学工程、中药学

汽车类	车辆工程专业、汽车服务工程、热能与动力工程、工业设计
物流类	物流管理、现代物流
新材料类	高分子材料与工程、复合材料与工程、再生资源科学与技术、稀土工程
环境能源类	环境科学、环境工程、能源与环境系统工程、资源环境与科学
管理类	工商管理类、人力资源管理、工程管理
法律类	法学、国际法、国际经济商业法、国际商法
营销类	市场营销

可以看出，物流类、新材料类、环境能源类等专业正随着国际需求的趋向而日渐升温。因此，选读园林设计、污水治理、城市规划、文物保护等专业的学生无须急着更换专业，邓小平也曾说过，我们要有长远眼光，放长线钓大鱼。

相比之下，一些曾经火爆的专业如今却风光不再，甚至面临着"毕业即失业"的窘境。前些年南京的保龄球馆兴盛，打保龄球被视为时尚和身份象征的"贵族运动"。最火爆时，每局保龄球费用高达30至50元。生意红火使不少企业纷纷投资上马，南京保龄球馆一度发展到20多家，球道600多条，一时之间急缺专业人才。许多学校纷纷开设相关专业。谁知这些消费类专业热得快冷得更快。某职业学校的小刚入学时选择了当时新开的最热专业"保龄球设备维护"，结果截至2008年底，南京已没有一家保龄球馆。与此情况类似的还有"高尔夫""珠宝鉴定"等专业。小刚懊悔地说："当时学保龄球专业的学生两三年后毕业已经是这个行业式微的时候，工作找不到，学的知识一点没有用，白白浪费了大好时间。"

一些专业由于考生的蜂拥而至，反而造成了人才过剩，导致就业难的现象。上世纪九十年代中期开始，新闻与传播教育在国内超常规发展，原有开设新闻专业的"老牌"院校，如人民大学、复旦大学的新闻教育规模不断扩大，北京大学、清华大学也分别于2001年、2002年开设了新闻与传播学院。1994年以前，国内有新闻学类专业点66个，而目前已经有专业点230个以上。据估计，全国新闻专业本、专科的在校生人数已达到几十万人。以清华大学新闻与传播学院为例，该专业的录取分数超过了英语和法学，连续几年稳居文科类专业首位，近几年报考该校的文科最高分考生，也往往出在新闻学专业。

然而该专业却存在着两个显著的弊端。首先是就业前景惨淡。近年来，国家新闻传媒，特别是报纸杂志进行整顿，传媒业基本上维持现有规模，甚至纸媒还有萎缩的趋势，对新闻类毕业生需求量有限。据调查，北京、上海、广州等经济发达地区的传媒对本科毕业从事一般新闻采编工作的人才需求量已接近饱和，今后很难再录用大专层次的毕业生。同时，各类非新闻专业毕业生也蜂拥至媒体希望分一杯羹，很多媒体也更愿意录用具有经济、法律等专业知识的毕业生。在一次招聘会上，一位来自武汉某高校新闻专业的男生说，他们全班20多人，除一名男生已经签约外，其余学生要么考研，要么到外地去求职。当然，也有一些职位很欢迎新闻专业毕业生，一位学新闻的学生发现，各级企事业单位的宣传部门喜欢招新闻专业的学生，因为他们文笔好，交际能力强。 目前人才市场对新闻人才的要求更高了，新华社等知名媒体接收毕业生时，明确要求硕士以上学历，此外还要过五关斩六将层层笔试、面试。北京青年报近几年招聘记者，报录比在50：1左右。此外，新闻专业的教育同市场需求有一定距离。对新闻工作者的要求应该是"杂家"，而目前的高等教育培养的却是"专家"。因为体制等多方面的原因，新闻专业教学方案很难做到跨学科、跨专业。

可以想见，要想在如此复杂激烈的竞争环境中脱颖而出，将是一场多么艰难而孤独的战役。选择专业时一定要秉承前瞻性的原则，看到未来几十年内该专业的市场需求、发展空间。如果你想快速出奇制胜的话，建议你谨慎选择接近饱和的专业。就像一个同学所说："当非主流都变成主流时，主流也就变成非主流了。"

除了迎合市场需求，选择专业还应基于你对自己个性、兴趣的认识。在中国人的思维模式中，社会地位高是"成功"的最主要标志。于是我们从小便成为功利主义的牺牲品。上个世纪八十年代以来，没有一个家长愿意自己的孩子"输在人生的起跑线上"。他们开始逼着自己的孩子学足球、钢琴、跳舞、下棋，幻想孩子成为国际球星，被某体育强国足球教练选中，或者靠体育或乐器特长赢得中考、高考的加分。九十年代以来，奥林匹克数学、英语等选拔课程更是全面进入了小学生的课余生活。我邻居的孩子从3岁起便被父母逼迫上钢琴课，换过无数的老师，每周还要在母亲的监督下度过难熬的两个小时钢琴课。每隔几周，楼道里都会响起母亲的大声训斥及孩子的哭泣声。现在完全不懂音乐的母亲甚至已经通晓了大半乐理，但孩子仍不能流利地完成钢琴作业。孩子曾跟我说，每次弹错了，妈妈都要掐她，训她；每周老师都会失望地摇头，总给她布置相同的作业，所以平时她常靠回头看表，或做基本指法练习来熬时间，而且对钢琴越来越丧失了兴趣。但如果方法正确，谁又能担保这个孩子不会成为未来的李云迪、朗朗呢？由于不能正确认识孩子的兴趣所在，这种潜在的"被扼杀的神童"的例子比比皆是。

要知道，选择的专业很大程度上将成为你的职业，谁都梦想拥有一份适合自己并乐在其中的学习、工作，因此选择专业的一大底线，就是不要因为功利的目的而抹杀了自己对一个领域的兴趣。最理想的专业或职业，是可以将你的特点及专业的发展前景融为一体，随着专业的发展，你的生活状态及成长模式也会随之发生飞越。如果你热爱交际，且具有一定的政治敏感度，不妨选择新闻传播、国际关系等学院；如果你喜欢看动漫，富有想象力，不妨选择动漫设计专业；如果对数字敏感，不妨去学经济、财会专业；如果你喜欢中国古代文化，并且不怕寂寞，不妨去学古代典籍专业。总而言之，最适合自己的专业才可能让你体验到学习中蕴含的巨大快乐，才能帮助你最快进入你所擅长领域的精英行列。不论今后你选择实践类工作，或研究类工作，适合你的专业都会带你走向成功。如果人生充满了选项，但你只能做出一次选择，那么去选那个最适合自己的专业吧。只要平时多去尝试新鲜事物，找出自己的潜力所在，那么你总会找到自己爱好的专业，切不可因为寂寞或者竞争压力而放弃自己的喜好。记住，随大流的人永远不会成为开路者。同时，也不要惧怕选择。中国学生的确习惯了由家长和老师安排自己的生活与学习，但步入大学时，你已经十八九岁，你完全有理由、有能力选择自己的命运，毕竟你所能活出精彩的只有你自己的人生路，而不是父母决定、老师建议的人生。当你发现自己对某一专业一见倾心时，请坚定你的信念，不要轻易言弃，因为你的人生旅途已经重新开始，犹豫不前只会带来失足和悔恨。

城市性格的烙印

上大学的另一个战略选择叫做：走出你出生的地域。大城市的主流院校往往汇聚了来自五湖四海的学生，这可能让本地的孩子感到稍稍不适应。走在校园中，随时可能听见东北人谈恋爱、香港人闲聊，碰到海南人问路，甚至新加坡、泰国、韩国人和你坐在同一个教室中。我曾问过一个千里迢迢从安徽跑到内蒙古上学的孩子，一个人远离父母苦不苦，然而小姑娘却耸耸肩，表示乐在其中。

城市的文化与性格是现代城市的基本特点，伴随四年的学习生活，是四年的文化训练，这将深刻影响你的人生、思维模式及生活习惯。易中天讲过一个笑话：

"有四个太空人，空投到中国，来到了四座城市。第一个太空人来到北京，马上就有北京居委会的事儿妈拿起电话来，说：公安局，天上掉下来一个特务。第二个太空人掉在上海，上海人看了以后挺高兴，这个东西好好玩，这个东西好好看，这个东西应该送到动物园去卖门票，一张票可以卖50块。第三个太空人掉到了广东，广东人说没有吃过这个东西，煲汤。第四个太空人掉在了成都，成都人说师兄，来来来'三缺一'，打麻将。"

他还总结道：

北京我称之为"城"，北京是一圈一圈、一城一城的门，因此北京人的性格特征是"圈子意识"。对于北京来说重要的不在于你是不是北京人，而在于你是哪个圈的。比方说主持人就是影视圈的，像我就属于学术界的。一个圈和另一个圈是不发生关系的，圈子外的人是进不来的。所以到北京落脚生根最重要的，就是要进入一个圈子，如果你进入不了一个圈子，你就在那里漂着，叫"北漂"。北京人的口头禅就是中央电视台曾经有个小品的题目"有事您说话"。为什么北京人是这样？因为他有能耐，什么都能弄来，他的圈子大。而且要注意，北京人在说这句话的时候，他只会在他的圈内说，绝不会在他的圈外说。而且你在北京如果对北京人不客气，问路都问不来。比如你见一老人，非常大声地跟人家说，那个地方怎么走？他不伺候，你得说大爷往哪儿走？他才能告诉你。

上海被称之为滩。上海是中国建城最晚、拆城最早的一个城市，而且上海城的形状很奇怪，是圆的。所以上海人的文化性格是"滩头意识"，就是一种个体意识，人与人之间是分得清清楚楚的，但是这不意味着他不热情。上海人最标准的口头禅，就是"关你什么事"。我今天穿了这件衣服了，你过来看，你说：你怎么穿这件衣服？上海人会说关你什么事。换成北京人会说方便、随意，能讲出很多。

……

东北人最热情，热情到什么程度呢？他们没有第二人称。比方说他要问你，你家住哪儿？他不会这么问，他说咱家住哪儿？所以碰到东北人问咱爸身体好吗？那是问你爸爸。

到北京人家去做客，你说："五点半了，告辞。""别介，别介，咱们接着侃，就在我这儿吃饭，我锅都刷了。"到了八点半还没动静，你说八点半咱们还不吃饭，他说真吃啊你，你说锅不是刷了吗？他说我面还没买呢。上海人则不一样，上海人会告诉你，五点半了，要吃晚饭，就在我们楼下有间卖生煎包的地方，又好又便宜，你自己吃去吧。

......

广州的定位是"市"，因为广州是最市场化的。在广州只要有钱，你能买到任何商品和服务；在广州任何商品和服务都要用钱买。有一种说法叫"食在广州"，还有一种说法叫"吃在成都"，这是两个概念。成都人所说的吃，是在家里吃完后，还要到外面吃点东西。而广州是任何吃的东西，你都能到街上去吃，完全市场化了。最典型的是早茶。成都人也吃早茶，老成都人一清早就出门去喝茶，而且成都的茶水也极其便宜，现在三块五块钱就能喝一碗茶，一把竹椅，一张竹几，点根烟，拿着报纸，却不吃东西。扬州人是喝完茶以后点上点东西，而广州人是名为吃茶，实为吃东西......广东人道谢说"唔该"，意思就是说我这么一点点小事不该麻烦你。没关系怎么回答？"湿湿碎"，就是湿柴火和碎银子的意思，意思就是我给你的帮助不值几个钱，全部市场化了。

成都这个城市，任何时候任何地点把你空投下去，你都能看到有人在打麻将。他家死人了，首先把麻将桌准备好。三鞠躬以后就去打麻将。成都地区所有的宾馆，房间稍微好一点，就会专门有一个麻将屋。要套房不是多个客厅，而是多个麻将屋......因此成都生活非常安逸，一无天灾二无人祸，沃野千里，四季如春。

......

武汉是个很苦的城市，冬天冷得要命，夏天热得要命。所以就造成了武汉人天不怕地不怕的性格。在没有空调也没有电扇的那个时代，武汉人都把竹床、竹椅搬到街上睡，男人就穿了一个大裤衩，女人就穿一个小背心，所以武汉人的性格是直来直去。武汉人开始很难打交道，因为他说话很难听。但是你真跟他成了朋友，那个铁哥儿们是非常义气。我们说"天上九头鸟，地下湖北佬"。什么叫九头鸟？就是生命力顽强，九个头等你砍，等你砍到第九个的时候，他的第一颗头又长出来了。

......

简言之，中国七大著名城市的性格特征如下：北京人——调侃的尽是文化；上海人——爱算计讲国际接轨；广州人——用实力引导时尚；天津人——纯朴悠然不赶时髦；深圳人——凡事赶新潮讲规则；武汉人——精明中透出豪爽；成都人——逍遥自在善于休闲。在这样的城市里游乐、学习、受熏陶，每个人的一生都会发生些许转变。

新的城市还将赋予你新的人生起点。如果你想研究学术，最好选择北京，因为作为千百年间的皇城，北京包容、大气、文化气息浓郁，并且见多识广；如果你对外贸事务感兴趣，应该选择作为中国第一大对外贸易及国际金融中心的上海；如果你想从事商业，不妨选择引领消费潮流的广州；如果你想遍尝美食、遍赏美女、享受悠长的人生漫步，一定会被成都的魅力吸引；如果你想踏上进军国际的便捷跳板，香港将是很好的选择。

每个城市都拥有独特的历史、地理、风俗习惯，如果你想在某个城市工作、定居，在那个城市上大学将是你熟悉、了解，甚至融入特定城市圈子的最佳选择。我们常说万事开头难，假如让刚上大学的你独立办学生证、独立报名托福考试，你会发现前方有无数的困难等待着折磨你脆弱的神经，更不用说乍到一个陌生的城市所能遇到的所有困难。而你因为不熟悉某城市而付出的经验成本却会比想象的多得多。我认识一个从河南到北京工作的女孩子，上班第一天，老板就要她帮忙送份文件给某公司，面对偌大的北京和纷繁的交通，她感到无所适从。问路、倒车、再问路、再倒车花了她将近5个小时，而对于一个在北京有基本生活经验的人来说，这些问题都不在话下，只要上网搜索北京市电子地图，然后点击"公交路线查询"即可。在路上白白耗费的时间，既放大了她对北京的恐惧感，又容易使老板质疑她的工作能力，这就是不熟悉某个城市所必须付出的代价。所以建议学生们应提早为自己的职业做出规划，有可能的话，选择适当的城市就读，可以为你省去不少的烦恼。

自由，恐怕是羽翼刚刚丰满的青年们最心向往之的东西。因此，除了选择城市的性格及发展前景，还应该尽量选择远离父母的城市，因为那个城市的气息将从此烙上你的生活，使你从小接受的强烈家庭思维影响、生活习惯、文化背景得以重新塑造，形成与你的家庭教育互补的新格局。此外，选择与原先生活环境差异大的城市还可以锻炼学生的包容能力，和对于陌生环境的适应力。

然而，选择异地大学的青年同样会遇到很多成长问题。一些独生子女的家长，平时对孩子百般溺爱，眼见着孩子就要走上社会了，才想起来温室的花朵是很难经历风雨的，于是纷纷把孩子送到外地、军校、香港，甚至国外，他们坚定地认为环境一定能打造人。可是，现实却在无情地告诉我们：不顾情况地放鸽子更像一场赌博。一个大一新生，家里对他管得很严，高中3年很少出门游玩，除了学习以外家里人也从不让他做任何家务。到了大学，这个孩子像脱缰的野马，不学习不上课，结果一个学期下来4门课不及格，还花光了家里带来的钱。因为不敢告诉家里人，向同学借的钱也还不上，所以心理压力极大，最后导致无法正常学习生活，只好休学。有的来自大城市的孩子，由于分数的限制，只能选择外地学校，却会同样遇到今后跟不上原来城市生活节奏等适应问题。

可见，任何战略选择都是一个硬币的两面，关键要看到哪个理由对你的成长最有利，然后果断并谨慎地做好未来人生规划。觉得自己没有做好规划的同学们也无须沮丧，大学并不是人生的终点，正相反，每一个新的机遇都可看做人生的起步。

第七章 大学，怎么读

　　大学里，除了课堂外还有图书馆、校园环境、同学和教授，读大学就是读大学里所有的一切而不仅仅是书本。

第七章 大学，怎么读

上大学简单，读大学却不简单：有的人上大学如鱼得水，如虎添翼；有的人读大学却越读越傻，直至四体不勤，五谷不分。导致如此差别的原因何在？

读大学最基本的要求就是完成学业。现在大学的退学制度可以说已经非常宽松，有的普通学校已取消了"退学"，改为"留级"作为处罚。北大退学的标准是"连续两个学期平均绩点低于2.0"，即连续两个学期平均成绩都在60分以下。北大规定，每学期选课不得低于14学分，也就是说，一个人一学期最起码选修5门课以上，算上平时作业、考勤，要想一门不及格，有时可谓难上加难，更何况达到"平均成绩60以下"的低分了。而且如果你真的学不下去，在各所院校都可以申请缓考，得分不计入本学期成绩，也使你想被退学都难。可见学校正在尽一切努力把学生们留住。

然而有的同学却曲解了学校的好意。他们认为大学是绝对自由的仙境，可以不受管束的刷夜、K歌、逛街、打游戏，全然不明了父母的殷切期望和自己考大学的目的。据了解，上海各高校每年都有数十名学生因成绩太差退学，其中相当一部分是当初以高分考入的。上海大学副校长叶志明认为，有相当一部分学生，从小到大都是被老师、家长、社会"压"着读书，目标就是考试、升学。考上大学后，忽然觉得目标没有了，学习环境又非常宽松，便茫然不知所措。这好比一个一直被父母抱着的孩子，忽然有一天，父母把他往地上一放，要他自己走路，孩子当然不知如何迈步。有的慢慢摸索，学会了走路；有的却跌跌撞撞走了弯路。不少学生进大学时，人生观、价值观模糊，对于毕业后想干什么、能干什么并不清楚，人生志向严重缺乏。他们喜欢张扬个性，又没有张扬的"资本"，所以很容易迷惘。沉迷网络游戏便是这些迷惘学生寻找的一种"寄托"。上海交大副校长印杰也认为，中学教育没有使学生形成正确的学习动力，没有教会他们寻找人生目标，到了大学便难以融入新环境。

然而就像托福听力模考题中所说的，上大学是为了锻炼你的脑力，而不是锻炼你的体力。当你没日没夜沉浸在游戏、恋爱等课外活动中时，你便错过了人生中最后一段可以集中时间，同时也是第一段有清醒意识的学习时期。学海无涯，大学不可能只教给你一些永远学不完并且背了就忘的知识细节，它力图传授给你的是一整套自学及分析问题的方法，它是发现并确立你人生兴趣的捷径，是尝试任何新鲜事物以发现自己的潜力，同时不用担心犯错误受罚的天堂。

可能你会说，我喜欢自己的专业，但我们学校的老师教学水平一般。这也不应成为你的借口，去你仰慕的名牌大学网站上搜索，总能发现有关讲座信息的专题；或者咨询那所大学中你的同学，问问与你本专业相关的课程信息。然后光明正大地去听课、听讲座。我自己就曾是蹭课大军中的一员，常常从天津跑到北大清华去蹭课、蹭讲座，北大清华老师的启迪确实使我加深了对自己专业的领悟，帮助我更好地完成了学业。

更何况现在的大学学科设计越来越人性化，学生还可以通过选择院系通选课或者其他专业的第二学位及辅修来为自己的大学生活增光添彩，弥补本专业的缺憾，这便是近年来越来越进入公众视野的"通识教育"。继上海交大、深圳大学等少数高校率先开始实行通才教育以来，这种对于国内而言崭新的教育模式正在越来越多的高校找到知音。名牌大学已全面推行院系之间的通选课制度，即规定学生必须修满其他专业的相关分数，并取得相应的学习效果。例如北大规定学生必须修满16学分的通选课，其中数学等自然科学类、艺术语言类各至少修满4学分，这便为学生提供培养兴趣爱好、学习喜欢专业的机会。此外，相当多的大学的部分专业还开设第二学位及辅修，学生需要在保证完成第一学位的基础上，依条件选修第二学位，这也是一次把握命运的良好机会。

会考试还要会学习

毫无疑问，进入大学尤其是进入重点大学的才子们都是考试的高手，但却不一定是学习的高手。

曾有学者对1977年恢复高考后的状元们进行了职业发展跟踪，结论是：他们中几乎没有谁在政治、经济、文化领域做出像样的贡献。由此大致可以推断出：考试能力越强的学生很可能社会适应能力越弱。

考试虽然作为某种公平标准有一定的价值，但对个人成长的破坏力却很大。考试会使人的思维越来越标准化和单一化，甚至削弱对知识学习的兴趣，同时会大大挤占学习者的动手能力和行动能力。

有的学生即使考了高分，他也不明白这只是考试的高分，并不能代替能力，更不意味着这些高分对未来的职业一定会有帮助。所以如果只把考高分作为大学学习唯一标准的话，损失可就大了。

在我看来，大学考试只要及格就可以了，你可以腾出更多的精力去做很多对你未来发展有帮助的事。我上大学时数学、军训理论等课程只是刚刚及格，而社会调查、心理学、写作等分数比较高，因为我对这些课程很感兴趣，这些兴趣一直延续到今天。

坦率地说，今天的大学生中，很多人在上学前对自己所学的专业毫无了解，当然就更谈不上兴趣和热爱了。与其把自己绑在麻木不仁的专业上，还不如彻底解放自己，在基本及格的基础上，腾出比较多的时间去实习、兼职、去社会上听讲座、做志愿者、搞学生活动、读杂书、尝试创业……通过这些活动去大致判定自己的职业喜好、增加社会知识与社会适应性、交往社会上的良师益友扩大社会网络、形成自己初步的职业行为模式，然后反过来提高对于校园知识价值的判断能力：哪些课去听、哪些书该借、哪些课题需要钻研、哪些同学需要去结交。这样会尽可能缩短自己和社会的距离，使自己在人生竞争的舞台上比别人先行一步。

临渊羡鱼，不如"结网而张"

你有没有发现，当你遇到一个炙手可热的工作机遇时，却常常主动放弃，因为你借口自己还没有准备好？不要迷信老祖宗说的"临渊羡鱼，不如退而结网"，如果一味退让，再好的网也抓不住鱼。在大学这个缤纷复杂的小社会中，要想练习如何在今后的竞争中脱颖而出，就要学会抓住机遇，临渊结网而张。

许多大学生朋友对于讲座的态度模棱两可，因为中学时代可能从没有接触过这样的教育模式，所以从大学伊始就没养成听讲座的习惯，或者对讲座有某种惧怕、厌烦心理。大学中讲座一般分为三种类型：

1. 指导性讲座

对于尚未入学的准大学生们关心的：如何在入学后尽快适应大学生活从而顺利地完成大学学业，如何充实有效地度过大学四年的美好时光，如何认识大学及大学生活；对于已经入学的大学生关心的：如何排除大学生活期间的各种压力和干扰，毕业时如何面临多种选择等困惑的正确引导。例如，大学新生系列讲座时间一般安排在入学后的第一周，其内容包括大学生活介绍、如何尽快适应新的大学生活环境、校园生活设施介绍等生活指导性内容，大学校史、学校现状、发展目标和趋势等本校情况介绍，以及大学课程设置、作息时间的一般安排等内容。这一类讲座，其性质是预备性、指导性和协助性的，将有助于新大学生们尽快融入全新的大学学习和生活环境中，一般附有相关书面指导材料。

在四年甚至更长时间的大学生活期间，大学生个人的精神状态和心理调节能力对于学业成就和个人成长关系重大，而源于学习、生活、感情、人际交往、发展前景等多方面的压力则是不可避免的，因此，在指导性的讲座中心理辅导类讲座是必不可少的，其中有关心态调整和压力缓解的方法性指导或许还能起到立竿见影的效果。此外，关于毕业生就业形势与就业技巧、考研复习、出国形势、简历写作、利用图书馆资源及网络资源的讲座，同样具有很强的指导作用。

2. 学术性讲座

学术性讲座是关于学术问题的探讨和学术研究成果的展现，通常最受大学生欢迎，是大学所有讲座中的精华所在，是构筑大学人文精神和科学精神的载体之一，并构成大学校园文化的鲜明特色。

大学里的学术性讲座，内容分为人文社会科学及自然科学领域的研究成果、理论总结和创新，讲演者一般为大学或者研究机构从事学术科研工作的教职人员和学者。这些讲座，对于大学生来说，不仅可以扩大知识视野，培养思维能力，更是学术精神的陶冶和学术修养的提升。特别值得一提的是学术大师级人物和相关领域著名专家所作的学术性讲座，通常使人受益匪浅，其内在的理论研究功底和学术感染力常常令人折服。

学术性讲座，也包括学术规范的引导和训练方面的讲座，这在一般大学里出现的机会可能不太多，但这种讲座对于大学生从事初步的学术研究或日后走学术道路都将起到非常重要的作用。这种规范性训练是大学生学习过程中的一个必备的和重要的环节，内容主要包括学术论文的写作规范、学术精神的培养和知识产权意识的强调、资料收集的渠道和资料整理的原则方法等，以及有关学术研究的方法论方面的内容。

学术性讲座的另外一个组成部分，是就现实问题作理论思考性的讲座，即从学术角度和研究层面对社会现实作出探讨和解释。这类讲座在体现大学和现实社会的密切联系以及大学的社会责任的同时，也促使象牙塔内的大学生们关注现实，启发他们思考社会现实问题。

3. 社会性讲座

区别于学术性讲座，这类讲座来源于大学与社会交流的需要，是多元化、多样性的时代特征在大学生活中的反映，演艺界、娱乐界、政界、商界等领域的著名人士进入大学讲堂演讲，为大学讲座增添了新的形式和内容。演艺界和娱乐界的名人进大学开讲座是为了宣传和扩大其自身影响，政界人士在大学作演讲或者是对方针和政策的宣传和诠释，或者是礼仪和地位的象征，商界人物讲座的目的则不外乎扩大企业的知名度和美誉度。而对于作为讲座听众的大学生来说，这一类型的讲座，能开阔眼界，一睹各方成功人士的风采，品味其人生感悟，或许还能成为自己日后创业或发展的一种偶像激励，也算是大学生活中不可多得的另一种讲座经历。

我建议同学们一定要培养自己的"机会意识"，亲自去听讲座，不要偷懒。因为我知道，复印的笔记同学们基本不看。听讲座与做笔记的道理一样，从别人那里得到的录音，你不仅不会为之腾出与讲座长度相当的时间来细细品味，更无从谈起亲临现场时对讲座的别样感悟了。在宿舍，可能只有你一个人为一名讲演者感动；而在现场，你的感动却能融汇在数百人的感动中，碰撞出新的火花。这便叫做抓住了机会——不放过一丝提升自身感悟力的机会。此外，我还建议同学们最好能与讲演者建立某种联系。我的一位朋友曾经到一所大学做讲座，讲座结束后大家纷纷退场，一个新闻专业的男生却牢牢记下了他的联系方式，并与他建立了联系。后来他曾帮助介绍这名同学到新闻单位实习并被单位留用……很显然，这名同学就是富有机会意识的典型事例。

再给大家讲一个故事：有三名青年在砌墙。一个路人问第一个青年A在做什么，A回答说："在砌墙。"路人问B在做什么，B回答说："在盖房子。"路人又问C同样的问题，C说："我正在建一座美丽的城市。"后来，A成了包工头，B成了房地产商，C成了主管城市建设的副市长。这个故事告诉我们，心有多远，舞台就有多大，你未来可能达到的境界就有多高。既要懂得在现实中给自己创造机会，又要懂得在梦想中为自己扩张机会。

前面我曾说，意识到自己的不足是大学生成长的重要一步，而懂得如何去学习、如何去借力尤为重要，至少你应该学会充分利用学校图书馆。

以北大为例，她的图书馆是亚洲高校中规模最大的图书馆，藏书703.21万册，居中国高等学校之首，在数字化图书馆建设方面具世界先进水平，是现代化的大型综合性文献信息中心。清华大学图书馆也已形成了以自然科学和工程技术科学文献为主体，兼有人文、社会科学及管理科学文献，包括中外文图书、期刊和报纸合订本、音像制品以及计算机文档等在内的多种类型、多种载体的综合性馆藏体系。至2003年底，馆藏总量已经超过300万册（件），文摘索引类二次文献已基本覆盖学校现有学科，中、外文学术性全文电子期刊逾25000种。

名牌大学图书馆不仅拥有丰富的图书资源、报纸检索资料，还开放学位论文室供学生查阅资料。此外多所大学图书馆与国家图书馆或地方主要社会性图书馆之间建立了馆际互借的关系，使学生们的阅读资料库大大扩展。一些大学图书馆的多媒体资料库保存了新中国成立以来珍贵的影音资料，供研究者们大快朵颐。

21世纪什么最重要？会利用资源的人才最重要。很多同学觉得自己学习不好是命运使然，实则是因为自己不懂得利用资源罢了。想想那些在60年代末期上山下乡的知青一代，他们由"红小将"一下子变为"被改造对象"，他们被耽误了进入大学深造的机会，他们被迫从事繁重的体力劳动，甚至丧失了人的尊严，按理说他们应该"认命"。但总有一些人，透过眼前困境的迷雾想象未来，总有一些人懂得利用逆境磨炼自己，并抓住每一个转瞬即逝的机会。他们抓住了改革开放的帽檐，并在第一股"下海"浪潮中捞得第一桶金。娃哈哈集团董事长宗庆后，起初只是一个在海滩上挖盐，晒盐，挑盐，在茶场种茶，割稻，烧窑的郁郁寡欢的少年。他"脑袋里有过各种各样的梦想"，"总想出人头地，总想做点事情"，然而，在被命运之神遗忘的农村，宗庆后一待就是15年。1978年，随着知青的大批返城，33岁的宗庆后回到杭州，在校办厂做推销员，10年里辗转于几家校办企业，依然郁郁不得志。待到他开始创业的时候，已经是一个42岁的中年男子。每天，他踩着三轮车，在杭州的街头巷尾叫卖棒冰和笔记本，棒冰卖一根赚一分钱。对多数人而言，42岁已是到了被生活磨得精疲力竭、转而把人生愿望寄托到下一代的岁数了。但在被命运遗弃了大半生之后，这一次宗庆后紧紧抓住了命运给予的一丝可能。他像一个工作狂似的，风里来雨里去，骑着三轮车到处送货，要把过去所有耽误的时光都追回来。回首往昔时，宗庆后说："我这一辈子都很坎坷，这使得我有一个比较好的心态，什么东西都能够忍受，命运能给我什么机会，我就去做什么。"这种直接出手扼住命运喉咙的心态，值得每一个从未受过挫折教育的青年学习。

大学积累人脉资源最有效的办法之一是和大师接触。清华大学老校长梅贻琦先生说过："大学者，非有大楼之谓也，有大师之谓也。"什么是大师？"道德文章，堪为师表"。大师是知识和品格完美结合的代表，是知行合一的典范。商业时代中，这样的大师已经凤毛麟角，我们如今所能接触到的高级别学术人物，恐怕就是教授了。

目前，越来越多的大学规定，教授必须给本科低年级学生授课，这是你得以近距离接触国家级学术顶尖人物的绝佳机会。教授们普遍喜欢勇于提问的学生，一些人还喜欢课后与学生漫谈。因此课上或课后要尽量抓住机会与教授交流，甚至要干预理直气壮地辩驳。越是有学问的老师，往往越是虚怀若谷。一些困扰你多时的问题，教授也许三言两语就为你廓清了思路；一些新颖的观点，教授也许会听取采纳。我认识的一个讲授古代文学的教授，经常认真记录同学们的独特观点，每次还都会说声"谢谢"，令互动的同学极为感动。学期末，教授们总会记住班里几个自我表现最为踊跃的同学。一个我曾经蹭过课的教授讲述了当年的经历：自打授课教授记住他的名字起，他便经常到教授家做客，旁听教授和好友或其他师兄弟的谈话，时常为他们端茶倒水，发展到后来，整个教授小圈子都认识他了。旁听的谈话使他改变了很多对于专业课的认识，并帮助他走上了现在的学术之路。同学们也可以采取类似的方法，很有可能的是，这些教授们对你的保研考试或者出国留学推荐信，将起巨大的推动作用。毕竟他熟悉你，会为你据理力争，而且真话往往也是最有分量的。

有一本书叫《你在天堂里遇见的五个人》，讲述了陌生人如何通过千丝万缕的关系介人你的生活，甚至影响着你的情感与生死。大学里像真实的社会一样，充满了机遇、选择、喜怒与得失。你永远不会知道下一个遇见的人会带给你怎样的机缘，不知道你的命运会因此如何改变。聪明的大学生能够从纷乱的人际关系网中找到有效信息，然而这个网络的积累则依赖于平时对每个机会的把握，依赖于你的机会意识。

做一名"活动家"

不要忘记，知识不仅来源于书本，很大程度上来自于日常交际中。这便要求同学们要在大学中做个适度的"活动家"。

首先，你可以选择加入学生社团。可以说，只要有青年人的地方，就有各种名目的学生社团的存在。像北大、清华、复旦这样的高等院校，社团数目更是达到200个之多。这些社团有的拥有悠久的历史，如清华大学比较著名的：清华周刊社、二十社、辞令研究会、国语演说辩论会、英语演说辩论会、得而他社、戏剧社、小说研究社、清华文学社、清淡集等等，这些社团协会的创始人或骨干会员中，不乏闻一多、梁实秋等名人。有的社团拥有良好的社会影响力，如北大爱心社、北大山鹰协会、北大自行车爱好者协会等。同一地区各大学间还常常举办社团联谊活动，这些活动将大大拓宽你的视野。

社团一般由具有相同爱好的学生组成，这为你寻找某方面志同道合的好友沟通了便利之桥。如果你参与组织社团活动，可以培养集体协作能力；担任社团内部一定职务，可以帮助你找到自己的社交长项，找到你在人群中的位置。一些实践类社团，如记者团、国际学生交流合作社等，还可以为你提供出国交流，或是采访接触名流的机会，不仅增长你的阅历，更锻炼你的才干。如果你立志出国留学，社团活动则会为你的申请履历增光添彩，因为它证明你不仅是一个善于学习的人，更是一个渴望交际、对生活积极进取的领袖型人才。

第二种途径是选择加入院系及校学生会，成为一名学生干部。很多家长担心孩子会因此影响学习成绩，但请不要担心，学生干部工作为我们建立起的自信，没有人会傻到想轻易将它摧毁，再加上学生干部往往是同学们关注的焦点，他们更不会容许自己的成绩出现大滑坡。我的一个学生朋友在北大某系担任系学生会文艺部部长一职，文艺部的工作以"多苦累"著称，尤其是冬季学期，共要筹划、排练迎新舞会、12·9合唱节、十佳歌手评选、新年联欢晚会等多项活动，占用了大量课余学习时间。这段时间，这个女孩眼里一直布满血丝，她告诉我，每天晚上11点回到宿舍后，她都要抓紧时间学习到凌晨1点多再去睡觉，否则心里会充满了愧疚感。以此看来，当学生干部不仅为学生带来荣耀与自信，更会培养他们为自己行为负责的生活态度，和吃苦耐劳、为同学无私奉献的高尚品格。

然而请同学们注意的是，参与任何学生活动都不要得不偿失影响到学习。毕竟只有学习成绩才是学生时代的必修科目。

第八章　出国：海派、海龟、海带

从出国读博士到出国读高中，从海龟到海带，出国留学在很多人身上看起来更像一种长期旅行。

第八章 出国：海派、海龟、海带

去美国留学4年，至少要花掉120万人民币；而回国就业，年薪可能只有4万元人民币。对于普通家庭而言，这样的投入产出是否合算？……对于某些专业而言，去美国留学和去索马里留学没什么两样。出国，仅仅是为了语言训练和寻找世界公民的感觉吗？

1999年，在凤凰卫视的一个访谈节目上，主持人采访欧美商会会长时提起了"海归"这个词，并解释说这个词就是海外归来的意思。这是"海归"的首度亮相。

2002年，在人民网总结"五年成就'100词'"专栏中，这样为"海归"释义：海归是相对在国内学习、工作的本土人才而言的，指有国外学习和工作经验的留学归国人员。"海归"一词日益成为中国政治经济生活中的热点词汇。

近代以来，国门逐渐打开，国人纷纷涌向海外，追求自己的梦想。尤其是改革开放之后，出国大潮一浪高过一浪，成批的中国人跨出国界，涌向大洋彼岸，仿佛国外有一座座开采不尽的金矿，只要走出去，就能获益。

出国的这批人，一部分做了移民，完全融入了当地社会。而一部分人在国外待过几年之后，会带着一个"海归"的名号，回到这片土地。以往的"海归"，往往与成功人士画等号。在他人眼里，他们就像是皇帝的女儿，拥有在海外镀金的经历，回国以后总能谋得一份不错的职业，从此拿高薪、住别墅、开名车，过上优哉游哉的生活。而近些年来，部分"海归"却变成了"海带"，在求职方面不仅没有优势，有时甚至还会被自己的海外教育背景所牵累。

从热销到滞销，三十年来的变化格局是如此明显，不能不为后来者敲响警钟。

在讨论要不要出国之前，不妨先回顾一下一百年来中国人的出国史。尽管有这样或那样的讨论，近百年来，中国人的出国潮一直在持续涌动。

中国闭关锁国的历史，当追溯到明朝的"海禁"。明朝初年，太祖朱元璋期望海禁政策能对海防的巩固起到决定性作用，故而颁行此政策。而明朝中后期，倭寇频频骚扰我国东南沿海地区，更是坚定了统治者实行海禁的决心。清军入关后，闭关政策便一直延续了下来。

随着19世纪中叶中国在一次又一次的战争中失败，有识之士开始"开眼看世界"，不仅译介大量介绍西方历史地理的图书，还出洋考察并派遣留学生，希望通过考察学习西方的军事及科学技术，摆脱内忧外患的局面。

1872年清政府派遣首批幼童出洋留学。1881年他们又都应召回国，穿着西服，坐着清政府官员为接他们而雇的独轮小车，在众目睽睽之下，由北向南，行进在上海外滩，成为中国近代最早的"海归"。这帮"海归"可是不得了，他们在美国学习生活多年，深受美式文化的熏陶与浸染，日后做出了很大的成就，著名铁路工程师詹天佑即出自其中。

而促成这批幼童走出国门的，是近代第一位"海归"容闳。他于1847年被美国传教士带到美国读书，七年后毕业于耶鲁大学。他在国外大开眼界，回国后倡导引进最新设备和技术发展生产、采用最新科学知识和制度改革教育培养人才，大大推动了中国的近代化。

20世纪初期的二三十年代，一批忧国忧民的知识分子远赴东瀛或苏联，探求救国救民之路。学成归国的热血青年们，用自己的思想和知识，启蒙民众，拯救国家。为大家所崇敬的鲁迅先生，便是在日本留学时看了日俄战争时拍摄的纪录片，为当时中国人的愚昧冥顽所震惊，方立志以杂文传播先进思想，回国后弃医从文，从此走上了救国的道路。

为了寻求一条自救的道路，从19世纪60年代到20世纪40年代的八十余年里，先进的中国人主动到海外开阔眼界，探索真理，并以此为武器来拯民众于水火之中。中国革命的领导队伍中，周恩来、陈毅等前辈都有留学海外的经历。而建国初期，导弹专家钱学森、生物学家童第周、地质界前辈李四光等人越过重重障碍回到祖国的怀抱，带回了尖端科学技术和知识，为国家的建设做出了不可磨灭的贡献。

1978年改革开放之后，因政治运动而闭锁了二十余年的国门终于徐徐打开，出国人数与时剧增。国人如同过江之鲫，纷纷涌向海外，足迹遍及世界各地。到了80年代末90年代初，20世纪中国最大的一批出国潮终于掀起。

新东方的创始人之一徐小平就是在这个时期走出国门的。

1987年，三十多岁的徐小平放弃了自己在北京大学的工作，飞往大洋彼岸的加拿大，开始面对人生的分水岭。最初踏上新大陆的欣喜过去后，他不得不考虑如何在异国他乡生存下去。为了完成学业，他去一个中餐馆打工，干着擦桌子、洗碗、送比萨等在国人看来很"卑贱"的工作。这个时候的他完全放下了知识分子的清高与矜持，而是脚踏实地、一步步地把自己的本职工作做好。体味了世界最发达国家的底层生活，他终于理解了美国是怎样一步一步建成的，他的身上也逐渐具备了能上能下的气度与实际动手的能力。

经历了初期的艰辛与困苦，接下来的路似乎好走了——他拿到了加拿大萨斯卡彻温大学的音乐学硕士，并且成功地在加拿大定居，还建立了自己的家庭。在旁人看来，这似乎是一个很圆满的结局：不惑之年能够在发达国家定居，成家立业，会招来多少国人羡慕的眼光。但是徐小平又一次把自己"打入了谷底"——他要回国创办自己的事业。

1993年，他再一次跨越太平洋回到中国，创办了一家音乐唱片公司，作为自己创业的开端，但终因经验不足和市场竞争太激烈而失败，不得不返回加拿大。这时，家人朋友都劝他不要再回国创业了，在加拿大找一份工作安安心心地生活。在迷茫与失落、焦虑与彷徨之间，1996年，徐小平选择了再度回国。这一次，他找到了老朋友——新东方英语学校校长俞敏洪。看着当时业绩不好、员工普遍下岗的新东方，他心中反而有了一丝"欣慰"，因为一切可以重新开始，他将拥有更大的发挥余地。

凭着自己的留学经验和知识，在同事们的紧密合作与密切配合下，"海归"徐小平由第一次回国的创业失败者转变成著名留学、签证、职业规划和人生发展咨询专家，当年提供留学咨询的新东方学校在国内同行业中也成为首屈一指的专门机构。

徐小平无疑是当时回国创业并最终取得成功的海归人物，他在海外的经历也为他的成功奠定了基础。在那个时期，出国的目的已不再是救国救民，求生存之道，而变成了为自己充电，寻发展之路。留学依然是出国者最大的目的。除此之外，一批旅游者也背起相机走出国门，怡情山水之间，放松身心的同时，也拓宽了视野。也有少数人忍受不了国内的发展环境，想为自己寻找一个潜力更大的发展空间，一旦找到便不再回国，并逐渐移民海外。

无论如何，改革开放打碎了闭关锁国的桎梏，只要能够办理正当手续，便可以合理合法地走出国门，寻找属于自己的一片天空。而那个时期的"海归"却少之又少，大部分人一去不回。

由上个世纪末的畅销到本世纪初的滞销，新时期，"海归"变成了"海带"。

近十年来，在全球经济普遍不景气的情况下，中国经济一枝独秀，连续几年保持7%以上的增长率。尤其是在中国加入WTO、2008年奥运会举办成功的背景下，人们对中国未来几年的经济形势普遍持乐观的态度。尽管受到金融风暴的袭击，中国的经济仍稳中有升。而且，中国政治稳定，法制逐渐完备，投资环境进一步改善，再加上13亿人口的市场，这对全世界而言，具有极大的吸引力，以跨国公司为代表的国际企业纷纷进军中国市场。

据教育部2007年公布的年度留学数据显示，从1978年到2006年底，中国各类出国人员的总数达到106.7万人，留学回国人员总数为27.5万人。这些回国人员中有些人成为各个行业的精英，实现了理想和抱负；有些人还在继续探索发展的道路，不断修正人生目标；更有一些人因为找不到合适的发展方向，处于迷茫彷徨之中。

"海派"一族

"海派"指那些由海外跨国公司或海外机构派遣回国，担任驻华机构代表或中高层管理人员。这种类型一般学工商管理的比较多，毕业后又在跨国公司总部或其他知名跨国机构工作过，能独当一面，回国后待遇也比较好。而由海派衍生出来的，还有海鸥、海草、海泡等一系列的代名词。

"海鸥"是指目前频繁往来于国内和海外，从事商务贸易活动的留学归国人员，他们具有很强的流动性，在其经营的业务上跨越东西方，或是一两个国家，成为中国国际化的风头人物或是各种富豪榜上的青年才俊典型。他们多具有以下共同点：第一，毕业于国内一流大学，有着良好的基础；第二，在世界享有盛誉的学府深造，而且获得了硕士以上的学位，这种教育背景即使在欧美发达国家也是相当令人瞩目的；第三，他们的研究领域都属于新经济、高科技和第三产业领域，并且都有海外跨国公司和三资企业担任高级管理人员的经历。在跨国公司急需开拓中国市场的时候，深谙海内外文化的他们就成了香饽饽。

与早年出国的"海鸥"们不同，"海草"指的是较为年轻的"海归"。根据2006年中国留学生回国创业论坛的问卷调查，他们的出国年龄平均26岁，平均回国年龄32岁，平均在国外有5年的学习时间，3.1年的工作经验，而且是工作和学习互相交叉。他们回国后，一般都供职于外企、三资企业、留学人员创业园，从事服务咨询业和第三产业以及文化传媒产业，年薪一般为6万~12万。

李林是张朝阳的清华校友，张朝阳回国创业时，24岁的李林踏上了美国的留学之路，攻读计算机软件专业，并拿到卡罗得大学MBA学位后，他进入了摩托罗拉总部工作。受学长们成功创业故事的吸引，2004年，李林毅然辞职，回到北京，他想循着师兄张朝阳的足迹，进入无线网络及通讯用品的创新事业。然而，拿着方案四处奔波的他突然发现，由于国内SP市场的混乱，国家有关部门已经"暂缓"执照的审批。国内的现实让他明白时代不同了，所以他进入了清华创业园工作，选择做一个白领。"当然，我还是希望有一天自己做Boss（老板）的，就像我的Boss一样，但他是10年前回来的，不一样呀！我现在能当个'海草'就不错了。"李林说。

"海泡"则是指最新出现的一个人群，他们已经学成或者接近毕业，虽然非常想回国发展，但对国内态势不是很了解，左右为难"泡"在留学地，成为"海泡"。

刘丽几年前作为陪读去了美国，目前老公已经完成学业很想回国发展，但她由于自身条件一般，念了一个美国三流大学的MBA。"我也知道现实，你说哪家好的公司会要一个没有任何工作经验的MBA？"想想回国后要面临的困难，她举棋不定，只好每天一边去一家超市打工，一边托人打听回国后的就业形势，同时和老公商量对策。刘丽的情况在赴美留学生中较为普遍。他们一方面害怕回国后变成"海带"，遭人嘲笑不说，经济上也将面临困难；另一方面自己的另一半希望能回国发展，国外的发展环境和机会不尽如人意。两难的选择让他们迟迟难以做出决定，只好暂时"泡"在海外。

"海归"蜕变成"海带"

在传统的话语体系里，"海归"一度被国人误读为高级稀缺人才的代名词。其实，把海归定义为高级人才一开始就是个认知上的错误。准确的说法是，海归是经受过海外高等级教育的高学历者。

高学历者要想转换为高级人才，要经受实践历练，并接受实践检验。20年前的"海归"最终成长为国家建设的高级人才，其转换率的确很高，这是不容抹杀的事实。10年前的"海归"，5年前的"海归"，今日的"海归"，其总体素质一代不如一代，这也是难以回避的事实。

对此，北极光创投创始合伙人邓锋在做客新浪聊天室时说："'海归'只代表你出国待过一段时间，3个月回来也叫'海归'，30年回来也叫'海归'，但质量肯定不一样。"

因此，越来越多的"海归"加入了"海带"的行列。"海带"们往往年纪较轻，出国时间很短，在国外没有什么工作经验就回国。由于缺乏经验，他们回国后求职很不顺利，处于待业状态。很多时候，他们在求职时还比不过土生土长的硕士生、博士生，甚至本科生。

张欣女士曾在一家央企任职，工资虽然不是很高，但也算得上是比上不足比下有余。她总觉得自己还有提升的空间，于是打算出国留学，给自己镀一层金。而自己的外语水平考试成绩又不尽如人意，权衡之下，她选择去加拿大一所不是很有名的学校念硕士。不料回国后求职屡屡受挫，成了"海带"。为了不给家里增加太大的负担，她一边继续找工作，一边炒股票赚钱。但金融风暴的到来，股市账面上的钱转眼间化为乌有，不得不靠做翻译的兼职来维持生活。

与此同时，张欣投出去的简历大多石沉大海，寥寥的几个面试，去了也是无疾而终。焦躁、郁闷、失望，身心劳顿的她无法控制越来越强烈的无力感，切断了和亲友的一切联络，QQ和MSN永远是隐身。终于有一天因为行为反常被亲友送去看心理医生，心理医生认为她患上了抑郁症，需要进一步治疗。

和张欣相比，南京人王勇的运气也好不到哪里去。他本科学的是电气工程自动化，2004年6月留学澳大利亚学习工程管理，两年后考取硕士学位回国。原本以为手持留学证书归来，工作应该不成问题。在国外时，留学生们经常在一起憧憬归国后的生活，有时候酒喝高了，大家会想起那个在留学生中广为流传的"三不政策"：非跨国大企业不去；年薪低于10万元不去；工作地点非大城市不去。那时候一帮年轻的留学生聚在一起，从来没有为未来的工作担心过，想的只是能够发展到什么样的高度。

然而求职的过程开始后，王勇才发现情况并不像自己想得那么简单。他几乎每天都在看报纸或者上网寻找招聘信息，一有合适的就马上带着精心制作的简历去应聘，但始终没有结果。

他在日记中写道："我永远也不会忘记第一次面试的场面，招聘人员接过简历时轻轻哼了一声：'又是海归？'那时我还完全没有体会到这句话的含义，竟然还略有点自豪地笑了笑。可是那人跟着来了句：'你是今天第四个"海归"啦！'就在我愣神的时候，他开始提问了。没有涉及任何专业方面知识，只是问我有没有工作经验。老天，我的生活除了校园就是校园，在国外偶尔会去打点零工，但是跟专业压根没关系。得到了我没有任何工作经验的回答后，他问我要多少薪酬。我报了月薪要求4000元。其实在我的心里，这个数字已经很低了，爸爸妈妈花了那么多钱送我出去，也迫切希望我能尽快收回成本。可是我得到的是一句干巴巴的话：'回去等消息吧，我们会给你打电话。'我当然没有等到期望中的电话。"

三个月里，王勇抱着简历跑遍了南京城大大小小的公司单位，耳边只回荡着一句话："等我们通知！" 一次次地跑人才市场，成功的总是那些国内的研究生，甚至是本科生。17次面试下来，王勇对工作有点绝望了。即便如此，他还得打起精神准备第18次面试，因为他的背后，是老父老母殷切期盼的目光。而王勇本科的同学，毕业后留在国内发展，工作三四年后基本都按揭下了房子买了自己的车，过上了让王勇羡慕不已的生活。

几年前，在北京举办的一场留学人员招聘会上，中关村一家软件公司开出了2500元的月薪，居然引得三个"海归"硕士争相竞聘，这与以前几十万元年薪的行情简直不可同日而语。这家企业在招聘会上以月薪2500元招聘普通的软件工程师，附加条件是"有留学背景者优先"。该公司高层惊讶地说："这个附加条件对我们来说不是非常重要，却没想到真的有'海归'来，还是硕士，还同时来了3个。"而该公司有五年以上工作经验的"土"硕士，月薪最低也有6000元。其实，应征的"海归"也很无奈。一位"海归"说："现在的海归比不上十年前，十年前回来的人少，待遇也好。现在回来的人太多，工作却没那么多，只能多投简历多面试，哪家给工资就去哪家。总是待业在家也不是个办法，不如先找份工作，等有合适的机会再跳槽。"

"海归"们无奈地接受了身价贬值的现实，却不甘心闷在家里做"海带"。只要有公司愿意接收，不管薪酬多少一律应征。很多时候"海归"们的待遇还不如本科生，这真让人怀疑他们海外学历的含金量，以及他们在海外付出的这几年是否值得。

"海带"是怎样炼成的

"海归"为什么会变成"海带"呢？众说纷纭，各持己见。笔者认为大致有以下几个原因：

其一，留学专业选择盲目，忽视留学生涯规划。很多留学生出国前非常盲目，没有明确的职业发展规划，也不知道自己的职业兴趣所在，导致大家一窝蜂地选择商业和计算机作为自己的专业，毕业回国后才发现这个专业的毕业生供大于求，只好在家待着。说到底，是学生在出国之前没想清楚究竟为什么出去，很多学生对专业选择，留学去的学校专业等都不太了解，也没有结合自己的性格、爱好、特长、能力等各方面因素去选择，考虑问题，忽视了留学生涯规划的重要性。所以最后只能是像一艘船在"漂泊"而不是"航行"。

2006年全年，中国新增4.7万名"海归"，而2009年经济危机下，这一人数继续增加，根据世界HR实验室经过近期对随机抽取的1500多个"海归"样本进行统计的结果显示，有35%以上的"海归"存在就业困难，同时40%的"海归"感觉自己的职业方向出错。

其二，"物以稀为贵"的局面不再存在。根据教育部公布的数字，截至2006年底，中国各类出国留学人员总数为106.7万人，留学回国人员总数已经达到27.5万人，其中有4.2万人是在2006年回国的。回国人数明显上升。到2007年底，中国出国留学人员数目已达121.7万人，成为世界最大的留学生派出国。与此同时，国内大学教育普及，很多学生不出国也可以在国内高校获得同等学力，并且科研能力、动手能力等综合素质丝毫不比"海归"差。既然如此，用人单位为什么不聘用本土人才，而非要舍近求远地选择"海归"呢？

其三，"海归"求职心态过高。有六成左右的归国人员愿意留在北京。据北京外企服务中心一位工作人员介绍，北京现在的海归人员远远供大于求，已经不如从前那么受欢迎了。其实他们调查发现，各个省的二、三线城市对海归人才还是供不应求的。但很少有"海归"愿意去中小城市。

很多"海归"觉得自己到国外大学镀了一层金，回国后就应该享受特别待遇。可现实情况不是这样的，用人单位除了学历，更看中的是实际解决问题的能力，处理人际关系的能力，以及对企业的忠诚度。很多"海归"的综合素质并不够全面，又没有摆正心态，不变成"海带"才怪了！

一份报纸讲述了"海归"朱荣亮从"海带"到自主创业的故事。24岁的朱荣亮属于较早出国的一类，2001年，只有19岁他在中专毕业之后就踏上飞往新加坡的飞机。

三年后，他学成归国。"刚回来时觉得自己特了不起，给自己定的目标是工资最低每月5000元，职位起点最起码是部门主管。"整整3个月，他跑了15家单位，"小一点的公司，委婉地告诉我他们庙太小，供不起我这个大菩萨。大一点的公司则会直接地告诉我，资历太浅。"朱荣亮说。慢慢的，他开始降低求职要求，可是依然没有单位愿意要他。"那一阵子我比待业青年混得还惨，愣谁也没有想到这会是一个'海归'该有的待遇。"3个月后，朱荣亮已经做好了从最底层员工做起的准备，但仍没找到工作。

2005年初，眼看着身边的朋友都有了不错的工作，即使是大专生都不比他这个"海归"含糊。实在没有办法了，朱荣亮去了一家物业公司应聘一个总台服务员的工作。可是即使是这样一个最基层的岗位，他也没有得到。朱荣亮直接找到了该物业公司的老总，长谈了一个小时后，总经理拍板让他去做总经理秘书。这是朱荣亮回国后获得的第一份工作。但是，这份工作朱荣亮仅仅做了5个月，"工作不愉快，而且感觉无法融入那个圈子。"朱荣亮说，在辞职之前，他想到了自己在新加坡学到的一项手艺——意大利手工比萨饼。经过一番调查之后，他决定自己做老板。2005年10月，朱荣亮在夫子庙开出了自己的比萨店。自己亲自下厨做比萨，每个月纯利润达到了5000元左右，这恰好是他当初归国时为自己定下的目标。"下一步，我想把我的店做大，做成连锁，至少连锁全国。"

其四，内功不过硬。很多中国留学生完全生活在中国人的小圈子里。他们到处扎堆儿，不与当地人接触，也不能与其他国家的同学和老师进行充分的互动。结果几年学下来，语言关都没有过。这样的毕业生，回国之后的就业前景不乐观，也不足为奇了。

有一种留学生在国内学校就读时，成绩平平，品行亦乏善可陈，但仰仗家里有钱或有权，于是出国镀金。中国目前在海外的留学生总数约90万人，稳居世界第一，这种镀金型留学生所占比例最大。既然这种学生在国内尚且不好好读书，又怎能指望他们在国外的高校中有所作为呢？这样的学生就像钱钟书先生笔下的方鸿渐一样，在国外吃喝玩乐几年，拿一所不入流的大学的毕业证回国炫耀。如果不通过家里的权势或者金钱关系找工作，成为"海带"也是必然。

其五，"海归"在国外待的时间比较长，习惯了外国人行事的思维方式，却忽视了中国本土文化的特点。习惯于单打独斗，而忽视了团队意识。长此以往，自己在单位里的人际关系会受到负面的影响，自然难以被老总赏识并重用。

刘杰从美国回国后，加盟了一家大型国企，颇受董事长赏识。工作时间长了，刘杰开始不满自己的工作环境，并面对董事长提出了一连串的建议：公司内部员工应该对上司直呼其名，以示平等；取消关系户的各种待遇，任人唯贤而不能任人唯亲；不应该与政府的职能部门保持过于密切的关系，公司的长远发展不应该依赖于政府的特殊关照，而应该公平地参与市场竞争……一段时间以后，刘杰又在董事长面前直接提出对公司领导决策方式的不满，遭到了董事会的围攻，最终被公司除名。也许刘杰提出的意见和建议都很中肯，但考虑到不同国家的文化差异，这些建议在中国的国有企业显然是难以行通的。

盘点起来，最主要的原因，还是"海归"们要摆正自己的位置，不要盲目将自己估计得过高，否则吃亏的还是自己。

"海归"和"土鳖"，谁是赢家？

中国人一向有崇洋心理。在那个国门打开不久的年代，出国者寥寥，能够走出国门者一般具有相当的实力，回国来也会得到规格极高的待遇，往往被他人称羡不已，也无可厚非。而今出国已非难事，国界如门槛一般可轻松跨进，轻松迈出。既然如此，盲目地到国外去读一个学位又有什么意义呢？

网上将国内大学培养出来的学生称作"土鳖"，揶揄他们没出过国，学历都是本土的。但在"海归"与"土鳖"的较量中，谁才是真正的赢家呢？

上海一位毕业于麻省理工学院的"海归"曾撰文对比过"海归"和

"土鳖"的区别，其中有这样一段话：

我发现几乎所有的"海归"做生意都不如本土老板。道理很简单：一、"海归"大多是技术出身，在美国做销售、做市场的中国人有多少？回国的都是技术人员。如果"海归"回国安心搞技术，那还不错。但很可惜，大部分"海归"都以为自己是全才、天才，似乎生意不需要学习的。可是他们没有这方面的经验，眼高手低，能不失败？反观本土，都是一步步从基层做起的，经验丰富得多；二、"海归"确实不了解国内市场的运作。不懂得如何灵活地运用从国外学来的知识。其实海外的知识很有用，关键是要懂得如何运用，可惜大部分"海归"并不懂。倒是本土很多人才认真学习海外经验，又有本土知识，自然胜过"海归"。

当然，笔者写这些话的目的不是刻意贬低"海归"们。毕竟"海归"们在国外开阔眼界，经历丰富，有着自身不可替代的优点。据南京留学人员协会介绍，改革开放以来，南京先后有2.5万人出国留学，目前已有8000名留学人员学成回宁，成为南京创业、创新强有力的助推器。目前在宁的8000名留学人员中，81%取得了高级职称，28%承担了国家级科研、攻关项目，44%承担了部省、市级科研攻关项目。在南京，海外留学归国人员依然是发展中不可或缺的一部分，对那些真正学有所成的"海归"，政府不光欢迎他们回来，而且还为他们准备了优厚的待遇。

"海归"如果能够摆正位置，弥补自己身上那道两种文化差异之间的鸿沟，是有很大的优势的。但真正能够做到这点的少之又少。反倒是土生土长的"土鳖"们，自知不如人，才勤奋钻研，追求卓越，往往比"海归"们干得出色。

留学：慎思而行

"再过20年，相信中国就没有'海归'了。"2007年10月28日，主题为"新海归，新使命"的"欧美同学2007北京论坛暨第四届中国留学人员回国创业发展与交流大会"（下称"欧美同学会论坛"）在北京中国大饭店召开，北大国际MBA美方院长、英国FORDHAM大学商学院副院长杨壮在会上如是说。

香港科技大学中国跨国关系研究中心主任David Zweig经过研究，发现"海归"人群除了目前出现在中国，另外一个"海归"人群最多的国家是印度。因此证明了它是因一个国家在经济不断发展强大时期对人才的需要而产生的，但只是特定时期的特定群体。

"在美国、加拿大和欧洲就没有（海归）这个称呼。"Zweig说，因为一个人到国外学习再回到自己的国家是一件很平常的事，他自己就是这样。随着中国教育的进步，他认为会有更多人出去，更多人回来。中国正迎来其"人才回流"的时代。

曾有一位东北师范大学的中国古典文学专业的硕士生向《北大毕业等于零》一书的作者王文良先生咨询出国事宜，王文良认为，现在研究中国古典文学水平最高的一定是中国，出国便会放弃原专业。而出国读研究生的人非常多，回来后含金量和价值未必能弥补所付出的。出国读一个其他专业学位的话，会付出大量的成本，并且回国后可能会得不偿失。

所以，在出国之前，一定要想清楚为什么要出去，想清楚自己出国的目的和未来的打算，为自己的留学生涯做一个充分的规划。如果将出国视作充电，那想想在国内的高校是否能达到同样的效果。如果将出国视作镀金，那有可能不但镀不成，回国后的身价还会贬值。

2008年下半年，金融危机从美国爆发，席卷大半个世界。投资银行与其他金融机构纷纷倒闭，昔日被人称羡的华尔街的白领，一夜之间就变成了下岗职工。大批在国外失业的华人纷纷回国谋求发展。而在全球化日益加剧的今天，中国也难逃金融危机的冲击，就业市场不但没有扩大反而紧缩。"海归"们叫苦连天，他们被迫回国后连生存问题都不好解决。早知如此，何必当初非要远渡重洋呢？

出国，走还是不走，你想好了吗？

第九章 求职之路

　　求职如果仅仅是为了一份薪水的话，那么这份职业一定不会长久。梦想、兴趣、价值观，这些非物质的东西一定要融进你的职业生涯中。

第九章 求职之路

全球经济形势的恶化和大学毕业生人数的逐年增多，使就业变得异常艰难。成功的就业有几个前提：基本合格的学识和素养；广泛的信息网络和人脉资源；必备的求职技巧；良好的求职心态。需要重点说明的是：在今后相当长的时间内，求职对于绝大多数人来说将成为一个动态过程。随着人事制度的改革，铁饭碗的时代将在所有的领域里消失……

2009年，世界陷入经济严冬，中国经济也不例外，尽管政府采取一系列挽救经济的政策，全国上下也在为"保八"的经济增长目标宣传造势，然而经济情况依然不容乐观。就业情况更是成为经济状况的晴雨表。

严峻的就业形势使得百万高校毕业生面临前所未有的挑战与考验。截止到2009年8月，北京大学生的就业率只有68%，这意味着三成多的毕业生还在求职路上苦苦奔波。

毕业后如何找到自己心仪的工作？求职时怎样才能全方位地展示自己的魅力与才华，让面试官欣然录取自己？什么样的工作才是最适合自己的工作？笔者在求职时曾经历过多次面试，入职后也做过多次面试官，愿意将自己的经验与所得拿出来分享，希望能对读者的求职有所帮助。

不打无准备之仗

国家劳动和社会保障部劳动科学研究所、北森测评网和新浪网曾联合举办过"第一次就业调查",结果显示:半数人选择职业是盲目的。33.2%的人选择先就业后择业,16.3%的人之所以选择第一份工作,是因为"没有太多考虑,跟着感觉走",只有11.1%的人根据兴趣爱好、6.4%的人根据未来发展进行选择。

一半以上的大学毕业生认为,找工作时最大的困难是"不知道自己适合做什么",其次是"不了解企业用人标准",占到近五分之一。由于求职具有盲目性和随意性,大学生就业后的一年内的流失率高达50%,两年内的流失率接近四分之三。

对工作单位来说,新入职的毕业生对职业的忠诚度不高、对单位的归属感不够无疑成为困扰他们的问题。为了最大限度地降低成本和规避风险,很多单位在招聘时有意识地避开了应届毕业生,很多优秀的应届生失去了机会。

而对于毕业生来说,在自己不喜欢的岗位上工作简直是煎熬,而不适合自己的工作又不能给自己带来足够的成就感,耗下去等于资源浪费。而频频的跳槽容易被别人认为是浮躁和不安心工作的表现,他们心中也有苦恼:究竟什么才是适合我的工作?

在笔者看来,这些毕业生在进入就业市场之前,并没有做好相关准备,好比一个没有受过相关训练的士兵匆匆上战场一样,不失败才怪。

认识自己

求职路上的第一步应该这样迈出——先回答这样两个问题:我喜欢做什么?我擅长做什么?这两个问题的答案对你选择职业至关重要。笔者始终认为,爱一行才能干一行,个人只有把自己的兴趣爱好和工作结合起来,才能最大限度地挖掘自己的潜力,发挥自己的能力,才能取得令人瞩目的成绩。因为在这时候，工作对于个人来说，已不再是养家糊口的途径，而成了乐趣的来源。

为此，先要确认你的兴趣点。笔者有一位朋友，本科在一所著名大学读外语，临近毕业时周围的同学纷纷报考外交部的公务员，或者寻找同声传译的工作，他则选择了自己酷爱的户外运动——做了一名户外导游，主要带国外的旅游团徒步京郊的深山峡谷，既挣到了不菲的薪水，又能让自己娱情山水之间，两者兼得，其乐无穷。而他的一位做了同声传译的同学，两年之后就因工作压力过大、成就感过低而辞职，身体也出现了问题。如果从工作中得不到足够的乐趣，那笔者劝你还是不要急着签约，多比较几个单位再做决定。

其次，需要了解自己的特长，清楚自己适合什么行业。笔者建议刚刚走出校门的大学生可以多和自己的师长以及好朋友聊聊，弄清楚自己的优点和缺点，求职时就不至于迷茫了。

毕业于北京一所高校的王欣从小就梦想做一名公关小姐，上大学后也选择了离自己职业梦想最近的新闻传播专业，每天都希望自己有朝一日能够身着正装面带微笑地接待自己的客户，成为一名职业的公关人。可惜的是，王欣有轻微的口吃，平时语速比较慢尚且不容易被人发现，一旦紧张起来就难以说出一个完整的句子。在面试中，她因为口吃一次又一次地被公关公司拒绝。尽管她本来也可以做一个精益求精的学者，充分发挥自己学术研究的潜力，但她依然奔波在自己的求职路上，除了公关，她不想接受第二种选择。在笔者看来，这就是执拗地和自己过不去。既然业内人士认为你不适合做这个行业，那就不要固执，找一个自己适合的岗位不是更容易做出成绩么？

再次，了解自己的核心竞争力所在。求职时，你需要证明你适合这个岗位，能够做出成绩，并且有你自己的不可替代性。如果这份工作A也能做好，B也能做好，那他们就都是可以替代的，没有自己的核心竞争力。相反，如果这项工作非你莫属，除你之外谁也做不好，那你的优势就十分明晰了。这就像木结构建筑中的榫与卯，两者相合才能使得接头严丝合缝，结构牢固。

了解单位

第一步，我们已经认清了自己。下一步，就要了解单位了。既然我们已经确定在某一行业中发展，便要寻找适合自己的公司。首先要解决的问题，是去大公司还是去小公司。

大公司往往管理比较规范，行业经验丰富，往往还是该行业的领军人物。公司完善的培训制度，对于没有工作经验的应届毕业生来说当然是雪中送炭。大公司的品牌影响力也不容忽视。即便你只在公司里做一个无关紧要的小职位，也会被其他公司刮目相看。比如如果你在久负盛名的广告公司做过几年创意工作，那去其他较小的广告公司，很可能会被聘为创意总监。这些无形资产是表面上看不到的。

然而，在大公司工作也有难以避免的劣势。大公司内部分工往往比较明确，整个公司实行流水线作业，每个员工只负责一项很具体的工作，而不能够把握全局。只见树木，不见树林。

中小公司往往管理不规范，培训制度也不健全，所谓的"无形资产"也微乎其微。同时，中小公司尚未积累足够的行业经验，员工需要在工作中与公司一起摸着石头过河，共同承担很多未知的风险。这对于刚入职场的大学毕业生来说，也许代价太高了一点。

不过，中小公司锻炼出来的往往是全才。因为规模小，分工也不明确，大部分不同的工作可能依赖少数几个人完成。这样，每个员工不仅能够独当一面，还能了解到不属于自己业务范围内的工作，这能极大地促进一个年轻人的成长。另外，中小公司提升的空间比较大，同样是30岁的年轻人，在大公司可能只是一名业绩比较出色的员工，而在中小公司也许已经成为一名主管了。吸引人的是，如果一家中小公司慢慢成长壮大，发展成一所大公司，那伴随着它成长的忠实员工都将成为这家公司的元老，内心的成就感和自豪感是言语难以尽述的。

网上有人给出建议，成熟的大公司一般更看重知识的积淀。大公司有大量的人力储备，有成熟的培训体系，在招募新人的时候主要是为了做中高层人才储备，需要应聘者具有较好的智力水平和职场适应能力，在智商和性格上有较好的基础，因此在准备时要以知识为重。太多的经验反而不利于接受公司的文化、理念和行为方式。当然，大公司人才众多，要得到赏识需要很高的天分和技能。

如果想去中小企业，得到更多的机会，那就需要注意经验的积累。小公司采用最多的是师徒制，学习更看重悟性。小公司人才储备少，需要新人能够马上上手，因此经验必不可少。而且小公司的管理一般没有大公司那么规范，有时候需要新人根据以往的经验自行处理事务，不像大公司往往有事务处理手册，这时候就更需要经验的支撑。

日本生涯学家高桥宪行认为，一般企业的寿命大致可分为5个阶段：开发期、成长前期、成长后期、成熟期与衰退期。

处于"开发期"的企业，刚起步，晋升的机会通常较多，短时间内就可能升到较高的位置，但相对而言，由于企业基础尚不够稳固，所以势必要承受较大的经营风险。

处于"成长前期"的企业，晋升的机会也较多，但速度则略微缓慢一些。"成长后期"的企业，制度、体系都已上了轨道，想在短期内获得晋升或加薪恐怕比较困难。而一般的大企业多属于此阶段。

如果你打算选择"成熟期"的企业，那你可要有心理准备，因为你的工作生涯可能很漫长、辛苦，晋升的可能性也较小。

处于"衰退期"的企业，最好不要投简历过去。除非你具有超凡的能力，可以使濒临关门的企业起死回生，否则根本不需要考虑，因此你大可不必以自己的尚不成熟去应战。

如果你不知道如何选择合适的企业，不妨先回答以下7个问题：

1. 我希望进入一家薪水普通但稳定性高的企业。
2. 我希望进入一家工作消闲又能兼职的企业。

3．我希望进入一家以实力决定待遇的企业。

4．为了自己将来创业方便，我希望进入一家能充分学习的企业。

5．我希望进入一家环境安定、能从事新事业的开发、企划工作的企业。

6．我希望进入一家能重用年轻人的企业。

7．我希望做自己喜欢而且待遇又高的工作。

高桥宪行认为，选择第一项的人，适合进入"成熟期"的企业；选择第二项的人，最好还是不要"脚踏两只船"，否则两头都难兼顾。不妨在本职之外，另外从事一些较不费时的投资渠道；选择第三项的人，"成长前期"的企业最适合你；选择第四项的人，适合进入"开发期"或"成长前期"的企业，如此才有机会学到所有工作的实务；选择第五项的人，可以考虑"成熟期"企业中的企划或开发部门；选择第六项的人，这个愿望恐怕很难在企业中实现，但可以尝试"开发期"或"成长前期"的企业；选择第七项的人，只能自己创业当老板了。

实习：预约就业

既然早晚都要踏入职场，与其事到临头再临时抱佛脚，不如事先找一家心仪的公司实习，慢慢熟悉这家公司的处事方法与态度，了解公司的企业文化，寻找自己和公司的契合点。这样在正式求职时，你就比其他求职者多了一个制胜的砝码——你了解这家公司，并在很大程度上带上了这家公司的烙印。当然，如果在实习中你发现自己不适合这家公司，也可以在实习期结束后另谋高就，不用再在同一家公司浪费时间。

先实习，再签约的办法，首先有利于供求双方公平选择，杜绝了以往供求双方周瑜打黄盖，一个愿打一个愿挨的被动局面，从制度上保证了双方的利益；其次是有利于双方摸清对方的"底数"，找到合作的最佳结合点，以保证人才"适销对路"，优化人才资源配置；三是有利于操作的透明度，给大学生一个展示自己聪明才智的舞台，发挥个人的潜质，做到人尽其才。

很多计划毕业后找工作的大学生，在大二暑假里就开始实习了。我认识的一名中国传媒大学新闻专业的同学就是他们中的一分子。他为自己制定了详细的实习计划——大二暑假里选择一家都市报，体验社会新闻的采访制作；大三寒假里申请一家新闻类杂志社，学习深度报道的写作；大三暑假里则找一家电视台实习，了解电视记者的工作状态。这样在大四求职时，他已经对各种类型的媒体有了初步的了解和实习经历，找起工作来自然很轻松。

而笔者的朋友小胡，则是在一次又一次的实习中明确了自己的职业发展方向。经济专业出身的他先在一家公关公司实习，逐渐对这个行业有了清楚的认识和进一步了解，觉得自己并不适合，于是改投了一家银行。尽管银行业是众多人等羡慕的行业，小胡依然觉得自己不喜欢这样平稳的生活。在银行实习两个月后，他再度转投一家咨询公司，并在紧张有序的工作中发现了自己的兴趣。求职时，他顺利地通过了实习公司的笔试和面试，拿到了自己的梦想的录用通知。

参加招聘会的三部曲

要求职，招聘会总是要参加的。不过笔者发现，很多大学生不知道应该如何参加一场招聘会，往往抱着一厚沓简历盲目乱投，等看到真正适合自己的单位展台，简历却已经发完了；或者哪儿人多往哪儿挤，也不管是不是自己心仪的单位，非得挤进去听听招聘人员在说什么，半天下来，可能一份简历都没递出去。他们也像其他大学生那样汗流浃背，将外套挤得皱巴巴的，却未收到任何效果。

笔者认为，要想有效参加一场招聘会，大致应该经过以下三个步骤：

步骤一：事先在网上确认参加招聘会的单位和展台的位置，有的放矢地做好简历。先得从参加招聘会的几百家单位上千个职位中筛选出适合自己的，然后记住这些单位的位置，有时间的话还可以在网上搜集这些单位的资料，做好功课，会上就可以直奔主题了。

步骤二：招聘会中，先将自己相中的单位投上简历，和招聘人员充分沟通，然后就要全面地收集招聘会上其他单位的信息，具体来说，就是要做到观、听、问、递、记。观：走马观花先浏览一遍，然后按照自己的求职意向，锁定几个目标，并确定主次；听：在锁定目标的展位前，作为旁观者，听用人单位的介绍，听前来应聘者对用人单位的询问，品味用人单位的口碑；问：选择你最感兴趣的单位，最先和他们谈，要主动提问题。咨询用人单位的所有制性质，用工形式、企业发展情况、应聘岗位的人员结构、应聘岗位任务责任、培训情况以及其他相关信息。至于薪水、福利等问题，面试以后，要到公司对你有明确定位时方可提出；递：决定应聘时，双手递交自己的求职简历，表示诚意应聘这个岗位；记：记录自己投递求职简历的公司名称、应聘岗位、地址、联系方式、联系人，怎么得到面试通知（时间、地点）等。避免事后遗忘，连自己投递了几份简历、投给了谁都回忆不上来。

参加招聘会要携带多份设计好的求职简历，多份身份证、毕业证、学位证、获奖证书的复印件，以备用人单位现场考核；应带好笔、记事本等；穿着打扮要得体干练、素雅大方。整个过程中需要保持良好的精神状态，文明礼貌、谈吐自然。同时注意维权防骗：不要向用人单位抵押各种证件、交纳任何费用等。最后，切忌家长或朋友陪同，否则容易给用人单位留下独立性差、胸无主见的印象，并因此错过良机。

步骤三：招聘会后，要及时电话询问投递简历的用人单位，了解自己的求职结果，主动一点总不会吃亏。如果没有面试机会，也不要气馁。总结经验，收集就业信息，等待机会，以利再战。

求职进行时

现在很多公司在招聘时，往往要经过好几轮的选拔：先是简历筛选，然后进行笔试，再次进行面试。面试最多可进行四五轮，只有做好准备的人才能一路过关斩将，笑到最后。

简历的制作

先从简历说起。招聘人员通过简历产生对求职者的第一印象，一份精心准备的简历发挥的作用不可小视。什么样的简历才能起到应有的作用呢？

从形式上来说，简历应该足够"简"，它必须简单明了，让人一眼就能对你有个大概的了解。招聘人员在审核简历时只看一些固定的内容：学校、专业、特长、实习经历、所获奖励等。用一张A4纸来传递这些信息已经足够了。

而笔者在参加过的招聘会上见过千奇百怪五花八门的简历。一位毕业生将自己的简历递给我时，我怀疑这是一本精装的画册，因为它印制得实在太精美——大16开，12页铜版纸印刷，内容全部为彩色。据说这是专门委托广告公司设计制作的，每份的成本费要达到200元。

这位毕业生的简历并不是特例，豪华简历似乎已成为流行趋势。精美的封面，特制的自荐信纸，附在简历中的DVD光盘，甚至女生的写真照片，都变成了简历的一部分。一沓又一沓厚而不实用的简历在招聘人员手中停留短暂的时间，便被扔进了废纸篓。招聘人员相信，真正有实力的人不会过多追求形式，他们的内涵用一页A4纸就可以说个大概了。

简历内容最好要实事求是。当然，你可以在表述上做一点小动作，比如将在校报当过记者的经历夸张为曾做过校报的执行主编，比如将组织的一个班级活动夸大为一个影响力很大的校园活动。但是不可以无中生有，将未曾发生过的事生生捏造出来。如果要应聘一个市场营销岗位，而大学期间又没有相关实践经验，请不要说自己曾参加过某公司的市场调研活动，否则西洋镜一旦被拆穿，你的人格与道德马上会招来面试官的鄙视。

曾有一个学旅游管理的同学去一家五星级大酒店应聘大堂经理。面试官看到他的简历上写着曾在希尔顿大酒店实习，很感兴趣，围绕这个实习问了不少问题，还按照上面填写的负责人的联系方式打了个电话，想从另一个方面来了解这位同学。但他在简历上做了假，那个联系方式也是自己同学的。结果，他的同学接到面试官的电话时，如坠五里雾中，回答得前言不搭后语，面试官确认这位同学在说谎，直接将他从考场赶了出去。同学非常遗憾，却悔之莫及。

有一些制作简历的小技巧可供参考。比如，将最新的实习经历列在前面，用倒序的方式介绍以前的情况，更多着墨于最近；或者将工作中取得的成就和掌握的技能由高到低排列，方便招聘人员了解你的最高水平等等。

面试经典十二问

笔者当年求职时，曾经历过多次面试，后来在单位担任管理职务时也面试过很多求职者，渐渐发现很多问题反复地在各家单位的面试中出现，于是将它们总结出来并加以研究，找出了一个回答问题的套路。不管应聘什么单位，这些答案都是放之四海而皆准的，谨录于此，对于应届毕业生应该会有所启发。

Question1：请你进行一下自我介绍

这个题目几乎每个面试都会问到，而又极其容易被面试者忽视。笔者接触到的很多面试者对这个问题都有点漫不经心，大概介绍一下自己的兴趣爱好和教育背景，就匆匆结束了回答。他们以为这只不过是个开场白，应该把更多的精力放在后面的问题上。其实面试有如文章，好的开头能吸引读者一直读下去，好的开场白也能在面试的开始抓住面试官的注意力，让他们对你产生兴趣。而不好的开场白等于在面试的开始就让面试官对你失去了进一步了解的兴趣，后面的题目也不会顺利。

步入考场后，最好先报出自己的姓名和身份。尽管面试官们可以从你的简历中了解这些，但主动介绍可以表现自己对面试官的尊重，还可以加深面试官对你的印象。面带微笑地说出这些内容，也为自己增添了自信，后面的回答也就顺理成章了。

其次可以简明扼要地介绍一下自己的学历和工作经历，挑选最重要、最有代表性的就可以，这些内容一定要和面试有关系。叙述的线索要保持清晰，如果结果混乱且内容过长，面试官们会认为你逻辑不清、杂乱无章，印象分会减掉不少。而这部分内容一定要与简历保持一致，如果有所夸大，会被面试官认为不实事求是，从而质疑你所说的其他内容。

接下来应该自然过渡到一两个自己读大学或工作期间圆满完成的事件，以这一两个例子来形象地说明自己的经验与能力。比如成功地组织了一次社会实践活动，在专业上取得了重要的成绩或出色的学术成就等。

按照这条清晰的线索组织自我介绍，可以保证逻辑顺畅，有条不紊。使用口语化的短句，可以显得表达简洁干练，叙述流畅。尽量避免一句话反复说几遍，否则容易增强自己的紧张不安，也容易显得自己犹豫不决。

自我介绍时需要注意自己情绪的配合，始终保持适度得体的微笑和昂扬的情绪，可以为自己的表述加分。如果萎靡不振或者表情一变再变，则会影响自己的表达，让面试官感觉你是一个不求上进而且善变的人，效果自然会大打折扣。

Question2：你为什么选择我们公司？

通过这个问题，面试官试图了解你求职的愿望以及对工作的态度，你应该有的放矢地回答，给出让他们满意的答案。

首先需要讲述这家公司所从事的行业，谈谈你对这个行业的看法和理解，尤其要表达出自己对这个行业的信心和希望加入这个行业的愿望。其次谈自己对这家公司的了解，要突出公司在业内的地位和取得的成绩。再次谈自己的优点，强调自己能胜任这个岗位，让面试官相信你适合从事这个行业，也与这家公司的企业文化相契合。这样从三个方面来回答这个问题，面试官会认为你是个有头脑的人，考虑问题全面而周到。

笔者有位大学同学，一向懒散惯了，找工作时也不着急。眼睁睁地看着周围的同学都找到了自己理想的工作，他才意识到事情的严重性，开始海投简历，参加所有能参加的面试。但由于准备不足，他对面试的公司都没有什么了解，对自己能做好的工作也不清楚。被问到这个问题时，往往颠三倒四，前言不搭后语，说话逻辑混乱。有一次在面试一家广告公司时，面试官问为什么选择这家公司，他竟然说这是本周我收到的唯一一个面试，当然要来试一试。对上文所讲到的那些内容几乎一字未提，结果可想而知。

Question3：请谈谈你的缺点

面试官提出这个问题，是想了解你的自我认识能力，以及你随机应变的能力。不能说自己没有缺点，毕竟人无完人。也不要把自己明显的优点说成缺点。比如说自己过于注重团队精神，做事情极度认真，对自己要求很严格等等。显然，这些都是不可或缺的优点，不会有面试官认为这是缺点。这样做只会削弱自己的竞争力，并且让面试官怀疑你的智商。

如果你有一些严重影响所应聘岗位的缺点，也不能说出来。这会让面试官对你是否能胜任这项工作产生质疑。比如，如果你应聘一个推销员的职位，却说自己性格内向，不善于和别人打交道，那等于给自己判了死刑。如果你应聘一个财会类的职位，却说自己对数字不敏感，做事马马虎虎，那也不要指望得到这个工作了。

如果你的缺点并不影响工作，却会让人觉得不舒服，与主流价值观背道而驰，也不要挑战面试官的忍受能力。笔者在当面试官的时候，曾有一位英俊帅气的男孩笑称自己很花心，大学四年交往了十几位女朋友。这虽然与他应聘的岗位毫不相干，但包括笔者在内的大部分面试官却认为此人不可靠，过于浮躁，不能信任。尽管他面试表现得相当出色，最终也没有录取他。也许这个男孩只是将其当作笑话讲出来，我们这群面试官却是不能欣赏他的幽默。

比较适宜的做法，是说出一些和所应聘工作关系不大的缺点，甚至一些表面上看是缺点、从工作的角度看却是优点的缺点。如果应聘广告创意岗位，你可以说自己喜欢胡思乱想，经常有一些不切实际的想法。而广告创意就需要经常迸发灵感和与众不同的想法，这个"缺点"正好契合了岗位的要求，从而巧妙地变成了优点。

Question4：如果与上级意见不一致，你该怎么办？

这个问题也一直困扰着很多职场新人。当自己的意见与老板不一致，还认为自己有道理时，是无条件地服从上级也许不合理的规定，还是鼓起勇气和上级交流，说服他采用自己的观点？面试官将这个问题抛出来，是想测验应聘者是否对上级"愚忠"而不惜牺牲公司的利益。

笔者认为，这个时候你应该表现出对上级的忠诚和服从，但不是无条件的，前提是说出自己的观点并与其平等沟通，将自己的看法解释清楚。在这种情况下，如果上级仍然坚持自己的想法，那按照他的命令执行就是了。这样既表现出你自己的独立思考能力，又表现出你愿意服从上级的安排。谁都喜欢听从命令的下属，如果下属在执行命令时还能有所发挥，那就再好不过了。

而如果你应聘的是公司的高层管理职位，并且你的面试官是总经理，那么应该表现出公司的利益在你的心目中高于一切。对于非原则性问题，可以服从上级的意见。但如果涉及公司利益，而你又有足够的证据证明上级的想法有很大缺陷，那就要向公司的更高层反映并提出自己的观点。这一点在外企的面试中尤为重要。

Question5：你希望与什么样的同事相处？

面试官希望了解你的团队合作意识，或者测试一下你是不是难以相处的人。这时你对公司的环境并不是很了解，盲目回答自己心目中理想的同事形象，可能会被认为是挑剔和过于理想主义。而试图揣摩面试官的人格特征并投其所好，对于刚刚走上社会的大学生来说相当困难，毕竟在象牙塔里生活多年的学生对察言观色尚不精通。

与其刻意迎合面试官，不如坦诚地谈谈自己的想法。比如"我还是个新手，无法对将来的工作同事做出过多要求。我需要尽力融入团队，适应工作搭档的性格和做事方法，并在不断的磨合之中寻找最佳工作状态。"每个公司都希望自己的员工能够拥有良好的人际关系，姿态放低一点反而容易引起面试官的好感。

Question6：你有什么业余爱好？

一个人的业余爱好往往反映出这个人的性格和心态，所以面试官往往会抛出这个问题，以求进一步地了解求职者。如果回答自己没有业余爱好，等于告诉面试官，我缺乏生活情趣，也不懂享受生活，这也是面试时的减分项。

切忌说自己一些庸俗的爱好，比如喜欢打麻将，或者打扑克，这会给面试官不好的感觉。而读书、听音乐、看演出等看上去高雅的爱好，最好也不要过于渲染，否则会让人觉得你性格孤僻，喜欢沉浸在个人的世界里。如果你说自己喜欢体育运动、旅游等项目，就会给自己树立一个阳光的形象，让面试官认为你性格开朗，热爱生活。

当然，如果对一个领域不熟悉，就不要编造自己的业余爱好。不知道"大江东去浪淘尽，千古风流人物"，就不要妄称自己喜欢豪放派的词；不懂得"寻寻觅觅，冷冷清清，凄凄惨惨戚戚"，就不要说自己热爱李清照的婉约。否则信口胡言，只能招来面试官的反感。

Question7：你期望从工作中获得怎样的回报？

你的回答将反映出你的成熟度以及你对薪酬所采取的立场。在这个场合一定不要谈论金钱，不要说自己是为了高薪而奋斗，否则容易给面试官留下一种为了赚钱不惜一切代价的印象。

如果你回答"我希望企业能够重视质量，而且会给做得好的员工予以奖励。由于我期望比同事们做得好，因此我期待能凭自己的成就获得适当的补偿。"那就犯了大忌。不但显示出你的盲目自信甚至自大，而且让面试官认为你是一个不好相处的人。为了团队利益，他们可能不会录取你。

一个聪明人会这样回答："对我来说，最重要的是自己所做的工作是否适合我。我的意思是说，这份工作应该能让我发挥专长——这会给我带来一种满足感。我还希望所做的工作能够对我目前的技能水平形成挑战，从而能促使我提升自己。"这个回答一箭双雕，既表达了出色地完成工作时自己能够获得满足感，也说明了挑战自我极限和自我发展的重要。如果你在面试中表现得足够出色，那这个offer便十拿九稳了。

Question8：当你确信自己是正确的，但是其他人却不赞同你时，你会怎样做？

这个问题可以反映你是否能够恰当处理反对观点、是否能够承受额外压力，还可以显示你处理冲突的能力和自信程度。在回答问题时，要注重以事实说话，以证据服人。

首先，要确保有足够的证据来支持自己的论点，确认自己的观点是正确的。然后关注反对者具体的反对理由，换位思考，从他们的角度看问题，并由此找出说服他们的依据。在整个过程中，你需要表现出自己的宽容和对他人的尊重，既能够听得进不同意见，又能够恰当合适地解决冲突，使事情按照应有的轨道向前发展，与反对者达成一致，其结果是双赢。

千万不要犯自大的错误，强迫他人相信你的观点是不可行的，这里使用了压迫的手段。即便反对者的意见暂时被压制，也会慢慢积累，达到一定程度时便会爆发出来，这样的后果是谁都不愿意看到的。这样的处理方式反映出你的心胸狭窄，听不进反对意见，做事方法也欠考虑。

Question9：什么样的情形会让你感到沮丧？

面试官提出这个问题，往往是想了解，什么样的压力会让你手足无措，失去希望和动力。如果你不承认自己会遇到沮丧的情形，就是在否认自己的缺点和弱点，和问题三如出一辙。

面对这样的问题，一方面你要承认自己会遇到这样的情形，另一方面要让面试官看到你的处理能力。一个受到好评的答案是："我认为会让我感到沮丧的是一件事情拖得太久，虽然这并不经常发生。我认为，对于尚未解决的问题，并不是所有的成功企业都会有回旋的余地。我希望尽可能快地找到好的对策，这样我们就可以继续开展企业的业务。"

这样回答既合理，又不会埋没自己的能力，并且显示出了自己的信心和决心。

笔者曾遇到一位面试者，对自己的优点夸夸其谈，对缺点却避之唯一、恐不及。至于失败、沮丧等一系列消极的词汇，他更是不肯置喙，将自己打造成了一个看似完美的人。但笔者认为他在逃避失败和打击，缺少面对挫折的勇气，也不知该如何处理让人沮丧的情形。和其他面试官交流后，大家一致赞同我的观点，最终没有录用这位不肯承认自己弱点的求职者。

Question10：你是应届毕业生，缺乏经验，如何能胜任这项工作？

如果面试官提出这个问题，反而说明招聘单位并不真正在乎所谓的经验，而是在测试面试者的应变能力。回答时要体现出自己的诚恳与敬业，同时可以对自己曾有过的相关兼职经验进行描述和渲染。

作为应届毕业生，缺乏工作经验在所难免，不要避讳这一点。可以这样回答："作为应届毕业生，在工作经验方面的确会有所欠缺，因此在读书期间我一直利用各种机会在这个行业里做兼职。我也发现，实际工作远比书本知识丰富、复杂。但我有较强的责任心、适应能力和学习能力，而且比较勤奋，所以在兼职中均能圆满完成各项工作，从中获取的经验也令我受益匪浅。请贵公司放心，学校所学及兼职的工作经验使我一定能胜任这个职位。"

这样，一方面承认自己经验不足，另一方面强调自己能够胜任这个岗位的能力和自己一心向学的态度，诚恳地表达出自己的要求，往往为面试官所欣赏。

Question11：你的好友怎样评价你？

这个问题不仅要求你了解你在朋友心目中的形象，还有潜在的测试，就是询问面试者是否有足够要好的朋友，从而测试一个人是否有高尚的道德标准。

一般情况下，任何一个人都不会和好朋友去讨论自己在他们心目中的形象，也不会了解好友对自己的评价。即便问及此，好友也往往隐瞒起负面的评价，而堆砌起溢美之词。所以，这个问题的真实目的不在于询问好友的评价，而在于询问面试者的人际关系如何。

回答这个问题，首先需要承认朋友对自己很重要，然后强调自己有各行各业的好朋友，但由于工作忙时间紧张，朋友之间并不是经常会面。但好友之间可以相互信赖，遇到困难，好友总会伸出援助之手。企业看重的，正是朋友之间的这种信赖以及面试者比较稳定的心理素质，至于所谓的好友评价，其实并不重要。

Question12：如果可以在企业内自主选择工作，你想选择什么样的工作？

笔者的大学好友求职时曾去面试一家国企的技术工程师一职，实际上他早已对技术厌倦。当面试官问到他这个问题，他马上回答道："如果可以的话，我不想做技术工程师，而是转岗到行政管理，我认为这才是适合我的岗位。"结果自认为表现不错的他没有被录取。分析起来，他的回答首先暴露出他对应聘岗位不感兴趣，其次他并没有说明自己为什么适合行政管理，让面试官认为他既不敬业，又有点自大，被刷掉也是理所当然。

面对这样的提问，首先应该表现一下自己的特长和技能，其次表示希望自己的工作得到公司的认可，也就是说，这份工作对实现企业目标确实很有帮助。如果有一定的发展空间或者有多样化的可能，那这份工作就更理想了。这样回答反映面试者知道一项工作应该由合适的人来完成，并且清楚自己的潜力和兴趣点在哪里。这种回答给面试官留下的印象是，如果被选中，这个求职者可以为企业做出巨大的贡献。

问答之外

有些公司为了全方位地考察应聘者，并不仅仅关注面试时的提问与回答，而是当你走进公司的大门，面试就已经开始了。公司会在你走进考场之前设置许多障碍和陷阱，来暗中观察应聘者的人品、道德与综合素质。面试官们往往更相信自己眼睛，而不仅仅相信应聘者的嘴皮和表演。

楼道里放上一个歪倒的拖把，看应聘者是从旁边面无表情地走过去，还是主动扶起拖把，放到该放的位置。面试等候室里扔上几团废纸，椅子上布满灰尘，看应聘者是对此无动于衷，还是动手打扫等候室，给后来者留下一个干净的环境。等候电梯的人群中偏偏有一位老太太和年轻人挤在一起，看应聘者是只顾自己挤进人满为患的电梯，还是照顾老太太，为她争取空间。这些都是公司喜欢采取的招数，看应聘者能不能表现出人性善良的一面。

面对这些情况，笔者建议你表现得自然一点就可以，不必要为之神经兮兮，走进公司后遇见的每一个人每一件事都以为是面试官在考你，否则公司会认为你不正常，从而拒绝录取你。

一位网友写下了自己的一次应聘的故事：还没有毕业的时候，我就听说现在的招聘单位在对求职者进行面试时，往往奇法迭出，怪招频用，求职者一不小心就会"中招"。于是，在正式找工作前，我特意找来一堆指导求职的书籍仔细阅读以防"不测"。

不看不知道，一看还真吓一跳，那些招聘单位出的怪题可真是匪夷所思啊。我暗自庆幸自己有先见之明，早做了准备。

开始找工作了。在一家公司面试的时候，我在一个楼梯口看见一个拖把横在电梯口没人管，我的大脑立刻飞速运转：这一定是公司招聘人员特意设的"局"，因为我在书上看到过，这时候谁要是对拖把熟视无睹，一定还没进门就被淘汰了。

主意已定，我刚想去捡那个拖把，忽然后面冲过来好几个人，都去抢那个拖把，反而把我挤到了一边。看来大家都看了"求职秘籍"，我懊恼地想。

正当那几个人抓着拖把不松手的时候，一个清洁工打扮的阿姨奇怪地问："你们这些年轻人这是咋了？抢我的破拖把干吗？"

那几个人都尴尬地松了手，原来是大家搞错了。

在一个会议室面试完以后，我和另外几个人在会议室外等着下一步消息。这时，一个年轻人推门出来，对我们说："大家都先回去吧，今天的招聘会结束了，回家等通知就行了。"

我一想，有点不对头，这个人很可能也是来应聘的。我在书上看过类似的案例，里面的那个人就是用这招把其他人都打发走了的，结果只留下他自己，而招聘单位还很欣赏他随机应变的能力。

我正思索着该怎么办呢，坐我旁边的一个人对那个年轻人说："伙计，这招很老了，我早就听说了。你是不是想把我们都打发走，留下你一个人啊？"

那个年轻人一脸惊讶，说："你们……你们……有没有搞错啊？我是公司人力资源部的呀。"

我们几个面面相觑：原来又搞错了。最后的结果可想而知，公司说我们一个个怪兮兮的，不知都在琢磨什么。

笔者为这几位应聘者叹惋，他们都是被诸多的求职故事吓怕了，进入公司后战战兢兢，如临深渊，如履薄冰。过度的反应收到的效果会适得其反，所以，展现出你自然的一面就够了。

细节决定成败

面试的一些细节问题也是需要注意的。细节决定成败，不注意细节的人不管有多大的本事，也难以得到面试官的青睐。笔者想来，需要注意的大致有几下几点：

其一，不要让朋友陪自己去面试。既然打算参加这家公司的面试，那就不要借口居住地离公司远，或者需要找人参谋，叫上朋友陪伴自己。求职是自己的事情，应该由自己来做决定，带上朋友的话会让面试官觉得你不够自信，也不够成熟，不能依靠自己做出选择，极有可能拒绝你。

其二，千万不要迟到，也不要早到太多。迟到说明你对这个面试不够重视，早到太多则会让面试官感觉不舒服，因为他们可能还未准备充分。比约定时间提前5~15分钟到面试地点会比较合适。

其三，注重自己的面试衣着。简单是最重要原则，"简单就是美"，这不仅是职场着装的原则，也是面试打扮的座右铭。参加面试的时候，衣服的色调最好以黑、白、灰、蓝、咖啡为主，太花哨的颜色可能会引起面试官的反感。黑色永远是最"安全"的颜色，但是黑色太具有权威感，穿黑色很难让人亲近。如果你想从事的是创作行业，不妨试试明亮的颜色，但是鲜艳明亮也还是应该遵循简单的原则，白色是一个很好的选择。作为女生，如果你平时是佩戴饰品的，面试时也可以照常佩戴，但太花哨的饰物最好取下来，饰物的数量也不要超过一件，款式则是越简单越好——饰品太多会给人一种"不职业"的感觉。

除了简单，干净也是面试时要特别注意的，你的着装再得体，也必须保持干净整洁，这是最起码的要求。干净整洁不仅仅是指衣服，头发的整洁也很重要，如果顶着一头乱蓬蓬的头发去参加面试难免有碍观瞻，会让面试官认为你不善于打理自己、不善于管理时间，这样的印象对你的面试无疑是不利的。另外，面试前还要注意一下自己的衣服是否平整，最好是熨烫过的衣服，如果学校里没有条件熨衣服，可以在面试前一夜把衣服挂起来，这样也可以保持衣服的平整。

以下十五个问题是年轻人衣着服饰中常见的通病，提醒注意：

1. 任何时候请保持衣服和鞋的洁净；

2. 女生着短裙配凉鞋时可不着袜或着长统丝袜，切忌短丝袜；

3. 男生穿西装时，必须配皮鞋；

4. 男生穿西裤时，哪怕是休闲西裤，都最好不要配旅游鞋，应该配皮鞋；

5. 男生不要穿过紧的裤子以及T恤；

6. 男生不要穿西装打领带却配牛仔裤；

7. 女生不要着男式的衬衣或西装；

8. 男生着牛仔裤时，最好配上皮带；

9. 男、女生都切忌穿明显是假冒的伪名牌服饰（这一点很重要）；

10. 女生穿紧身牛仔裤时，最好不要配松糕鞋；

11.男生最好不要穿任何女性化的服装；

12.男生穿皮鞋时，最好不要穿运动袜；

13.男生不要穿运动休闲服却打领带；

14.女生不要穿套装或套裙却配双肩背包；

15.女生切忌穿长、短裙时却配一件外套。

另外，求职专家曾提出以下几个着装打扮的原则，可供女性求职时参考：（1）面试时着装要选用朴素的裙装或裙套装，不要穿运动服或休闲服。（2）不要穿外露小腿过多乃至大腿的开衩裙，服装颜色不能太艳。（3）饰物要大方得体，不宜过多，不戴叮吟作响的手链，不佩带过长的吊挂式耳环，同时最好不要戴戒指。（4）化妆应化淡妆，不使用闪光化妆品，不涂深红的口红，香水喷洒要恰到好处。（5）指甲要整洁、干净，不要涂成红色、紫色。（6）穿中跟鞋，长筒袜要高，不要在裙子和袜子之间露出皮肤。（7）手袋的风格也要持重，不携带体育用包或叮当作响的发光的包。年轻女子挎上很有韵味的手提式包，显得比较干练，适用于女性管理人员、办事人员等；手提式背包适用于中老年人，显得沉稳端庄。同时，选择手袋（包）要考虑到衣服的颜色，白色或黑色手袋可配任何颜色的衣服，身材高大的女士，不宜用太小的包；反之，娇小玲珑的女士不宜用太大的包。

其四，与面试官对话时切忌口头禅。语言的风格是个人文化素养的体现，挂在嘴边的口头禅所属的语言风格，会让人很自然地把你与这种气质联系到一起。而面试官们往往不喜欢带口头禅的应聘者。笔者在参加的一次面试中，一位应聘者嘴里经常冒出来一句"你知道吗"，让人觉得他是在鄙视面试官的知识范围和水平，心里很不舒服。这个人最后也没有被录取。

网上一位求职的毕业生曾写下了自己败在细节上的经历："面试当天，我细心打扮了一下自己，脱掉脏兮兮的牛仔服，换上笔挺的西装。面试时，主考官要看我的实习鉴定材料，我赶紧打开资料袋，由于资料没有分类，我心里一慌，资料散落一地。好不容易找到实习资料，我又在慌乱中将主考官的水杯碰倒，心中暗暗骂着自己。这时，主考官要验我的毕业证原件，可文件已弄得一团糟，等找出时已花了一分半钟，主考官脸色铁青。面试结束后，我长嘘一口气，可马上又慌了，原来离开时竟将毕业证原件和钢笔遗失在主考官那里，想到事关重大，我只好厚着脸皮回去拿自己的毕业证。就在我转身离去的一刹那间，主考官大笔一挥，将我的名字从复试名单中划掉了。"

面试看起来复杂，其实只不过是你与面试官的短时间沟通。最重要的一点，是在有限的时间内展示自己的魅力与智慧，尽全力打动面试官。只要他们认可你的答案，甚至产生共鸣，这个offer就十有八九属于你了。

求职过程中的陷阱

很多用人单位布置了陷阱，人才市场成了"地雷阵"。应届毕业生往往没有多少社会经验，加上就业压力比较大，求职心切又防备松懈，很容易成为不法单位的欺骗对象。且待笔者一一详解这些陷阱。

1.扣押证件

绝大部分正规的用人单位都会在正式聘用之前检查应聘人员的毕业证、学位证和身份证，而且在应聘人员正式入职之后会将这些证件复印一份以保存。有些单位会要求将毕业证和学位证交给公司保管，也就是扣押这两个证件。

一些公司这样做的原因，基于有员工在找到更好的工作之后不辞而别，这样做是为了争取主动权。也有公司纯粹是为了在员工离职的时候拥有刁难员工的资本，这样在员工提出辞职的时候可以此为要挟，任意克扣工资，甚至编造理由说员工给公司造成了损失，要求员工交钱赎回自己的证件。

如果出于就业的压力而委曲求全，将毕业证等证件交给用人单位扣押，便是给自己留下了后患。

2.骗取中介费

为大学生提供服务的中介机构越来越多，但鱼龙混杂，大部分都很不正规，以骗取中介费为目的。将中介求职作为现场招聘和网上求职的补充是可以的，但是一定要多留心眼，不要任由不正规的中介机构宰割。其实，就算是正规的中介机构，能够介绍的工作一般也层次不高，而且大型的、正规的用人单位往往也不会通过职业介绍所来招聘。就算要招聘，也只会委托专业的猎头公司，而应届毕业生往往在猎头公司的视野之外。

进入中介公司后，中介会承诺有很多工作可以安排，但是要先交中介费，然后中介允诺给找一份工作，然后借故离开，将大学生晾在一边。如果大学生去找他们理论，他们会说岗位满了没有工作，要求退钱时则声色俱厉，大学生只好自认倒霉，钱打了水漂。

3.偷梁换柱 偷工减料

初次求职的大学生对薪水往往有高于实际的期望值，因此一些用人单位以夸张、离谱的高薪为诱饵，比如"年薪10万""月薪8000"等等，诱使求职者上钩。

毕业于燕山大学的小张，在北京中关村求职。在一家数码电视机店找到了一份销售的工作。入职前，单位说底薪会有3000元，另外销售还会有提成，一般能月入五六千。对于在京外读书的小张来说，这是个不小的诱惑，便签了合同。结果经济不景气连累了电视机的销售，单位承诺的底薪从来没有兑现过，提成更无从谈起。小张拿着合同去找老板，老板却轻蔑地说："销售不景气就没有钱发，不想在这儿干可以走人，好多人排着队求我录用呢。"在人生地不熟的北京，打官司无疑要付出更多的成本。小张只好忍气吞声，拿着每月都不固定的工资，好一点的时候一千多，差的时候只有六七百，还赶不上一些餐馆的洗碗工。同时，由于做销售需要不断与客户联系，单位只给报销一百元的电话费，小张每个月又得对着电话账单发愁。想换一份工作，却遇上金融危机，京内大学生尚且不好找工作，他一个京外非名牌大学的毕业生又如何能撞上好工作呢？思来想去，小张只怪自己当初太轻信。

粉饰工种也是很多招聘单位惯用的伎俩。业务经理、营销工程师等称号，可能不过是业务员、推销员的活路。而文员、文秘等行业则干脆戴上了"行政助理""总裁助理"之类的帽子，现代社会的浮夸风也刮到了求职场中。刚找工作的大学生们，可得把眼睛擦亮。

4.招聘只是逗你玩儿

许多单位规定，引进人才必须公开招聘。做出这种规定的单位多是政府机关、事业单位和国有企业，而这些单位的人事招聘往往是最不透明的。很多职位早就被关系户内定了。很多用人单位摆出一副招纳贤才的样子，不过是做个样子走个程序而已。

而另外一种空城计则颇为人不齿。有些公司未必需要招聘员工，但正好有些工作需要找人处理，却又舍不得招聘实习生。于是发布招聘广告，将需要完成的工作变成考试的题目。这样既完成了工作，又节约了人力成本。为此需要告诫正在求职的大学生们，不要为了一份尚在虚无中的工作，白白送上自己的智慧，到头来可能是竹篮打水，只落得一场空。

5.传销的陷阱

这往往是亲朋好友为自己准备的。当朋友告诉自己某地方有职位待遇优厚时，千万先想个明白，求证清楚，再踏上自己的求职路。

一位计算机专业的女大学生在毕业前收到一个朋友的信，信上说，自己的亲戚在南方开了一家公司，有很多高素质人才，很适合大学生发展，现特意邀朋友去锻炼锻炼。此后，这位朋友还多次打电话并在QQ上留言，描绘了美好的发展前景，鼓励她放弃学业"发展事业"。经不住诱惑，这名女大学生匆匆南下，加盟到朋友的公司。

而所谓的公司，实际上是一家打着直销旗号的传销黑窝点。她说："从此我过着非人的生活，每天的饭菜是白米饭和没油水的白菜冬瓜汤，晚上睡觉则在地上铺一张席子。而我见到的所谓'高素质人才'仅仅是用谎言和虚伪包装起来的。他们的工作是用欺骗的方式把价值几百元甚至一文不值的假冒伪劣化妆品以三千多元价格卖给下线。"她还透露，在她呆过的广西的那个传销窝点，至少有来自西安的大学生100多人，大部分是民办高校和正规大学的自考生。

她说，这些打着直销旗号挂羊头卖狗肉的传销黑窝点骗钱害人，使不少人家破人亡、人财两空，还有不少大学生因此把握不住人生航向，失去生活信心，失去了人格尊严。而她则找了一个买东西的机会，逃了出来。

"我没有半句谎言，之所以要把这件事讲出来，是想告诉那些打算往这个死胡同里发展的，或者已经进了这个死胡同但还心存侥幸打算多捞一把的大学生，千万不要利欲熏心，天上从来不会掉馅饼。"她说。

6.合同胜过口说无凭

写到这儿，笔者想忠告正在求职的大学生们——口头约定无效。中国人将人情看得十分重要，一旦招聘方拿人情做幌子，求职者往往抹不下脸来要求签订详细合同。这经常发生在实习期间，大学生觉得这家公司还算不错，上司口头许诺的一些待遇也就信以为真。对于合同往往马马虎虎，盲目地相信人，而不将其落实成纸上的文字。须知空口无凭，写在纸上的规章才有法律效力。

无心插柳柳成荫

笔者认为，求职是一个长期的过程。在网上查找相关单位和行业的信息，准备简历和面试，只是显性的求职，表现出强烈的目的性。而隐性的求职没有目的性，却更能显示出个人的积累与沉淀，找到充分发挥自己的特长的工作岗位。

什么叫做隐性的求职呢？就是在日常与人打交道中被伯乐发现，得到更好的工作。一个人在职场中每走出的一步，都是在为自己做广告。何况，面试有时候会被看做一场刻意的表演，演员（即应聘者）可能为一场戏要排练好多次，连脸上的微笑都要对着镜子反复训练，面试官看到的只是演员的音容笑貌，眼波流转，却看不到演员们的内心。而平时的往来则会让人看到你自己更真实的一面，好比卸下妆容，露出自己的真面目。比起台上的演员，人们更愿意相信一个生活中的人。

王潇潇就读于首都某著名大学的中文系，是一位很有爱心的女孩子。她不但加入了学校的志愿者协会，经常参加协会组织的志愿服务活动，而且定期去北京松堂临终关怀医院做义工，陪那些生命即将走到尽头的病人们聊天，或者协助护士做一些清洁工作。爱说爱笑的潇潇很快受到了病人们的一致欢迎，如果到时她没出现，病人们还会相互打听，盼着她去和大家说说话，聊聊天。

到了大四，肩负着学业和实习双重压力的潇潇开始求职，但她依然每周都要去松堂医院看望那儿的病人，一次不落。几个月来她每次去医院，都要去看望一位肝癌晚期的郑老伯，陪他聊自己的人生，听他讲自己毕生从事高科技研发的故事，甚至，在郑老伯疼起来的时候紧握他满布老年斑的大手，希望能为他分担痛苦。离开医院，潇潇又得赶去一个个面试场和招聘会，寻找自己的工作和未来。

工作总是不好找，一次一次碰壁的潇潇有点灰心，但松堂医院的郑老伯每周还会看到她笑容满面地出现在自己面前，陪自己说话聊天。有时候潇潇也会遇见老伯的儿子来看望父亲，西装革履的郑总似乎业务很忙，每次会面不到半小时就被一个又一个电话叫走。郑总从事什么行业，她一点都不关心，倒是郑老伯病情恶化，越来越离不开她。她就每周去两次，还祈盼着老伯能够少受点痛苦。

郑老伯去世后，潇潇若有所失，一段时间总是不开心。但找工作的压力很快分散了她的精力，冲淡了她的悲伤。这期间，郑总曾找过她一次，当面感谢她对自己父亲的关怀，并问她有什么需要帮助的，被她淡然处之。

一天，潇潇再次参加一个面试，疲惫的她感觉自己的面试并不出色，而这份工作又是自己梦寐以求的。当她正要失望地离开现场时，面试官们交换了一下眼神，说："恭喜你，你被我们录取了。"

"怎么可能？我刚才表现得并不够出色。"潇潇以为自己听错了。

"我们郑总对你比较了解，他觉得你很适合这项工作。面试表现不好不要紧，工作中还有学习的机会。"面试官解释道。

原来，这家公司是郑总开办的，而郑总之前曾和临终关怀医院的医生护士们了解情况，他们对潇潇赞誉有加。同时，郑总又对潇潇自主求职不求人的做法非常欣赏。碰巧潇潇投了简历，他便决定录用这个善良又有能力的女孩。

潇潇的故事未必可以复制，但也给大家提个醒，在为人处世时一定要将自己最美好的一面展现出来，不要对任何一个人漫不经心，否则就可能错失良机，与一位伯乐擦肩而过。

正确认识求职

很多人在求职时容易焦虑，担心找不到工作，毕业便失业。笔者劝这些人放平心态，每天给自己一个积极的暗示——一定能找到工作。然后要摆正自己的位置，不可能一入职便成为经理，从基层做起更能积累经验。当升到一定地位时，基层的经验更能让人如鱼得水地展开工作。

许多年前，在日本，一个年轻女郎来到一家著名的酒店当服务员。这是她涉世之初的第一份工作，她将在这里正式步入社会，迈出她人生关键的第一步。

谁知在新人受训期间，上司竟然安排她洗马桶，而且工作质量要求高得骇人：必须把马桶抹得光洁如新！

说实话，洗马桶使她难以承受。当她拿着抹布伸向马桶时，胃里立马"造反"，恶心得想呕吐却又呕吐不出来，令她每天战战兢兢如临深渊。

为此，她心灰意冷，面临着人生第一步应该怎样走下去的选择：是继续干下去，还是另谋职业？

　　正在此关键时刻，同单位一位前辈及时地出现在她的面前。

　　前辈并没有用空洞的理论去说教，而是亲自洗马桶给她看了一遍。首先，她一遍遍地洗着马桶，直到洗得光洁如新；然后，她从马桶里盛了一杯水，一饮而尽！丝毫没有勉强。

　　同时，前辈送给她一束鼓励的目光。她目瞪口呆，如梦初醒！她警觉到是自己的工作态度出了问题，于是痛下决心："就算一辈子洗马桶，也要做一名洗马桶最出色的人！"

　　从此，她脱胎换骨成为一个全新的人，她的工作质量达到了无可挑剔的高水准。为了检验自己的自信心，为了证实自己的工作质量，也为了强化自己的敬业心，她也多次喝过厕水。从此，她很漂亮地迈好了人生的第一步；从此，她踏上了成功之旅，开始了她不断走向成功的人生之旅。

　　多年过去了，这个当年洗马桶的日本女郎，成了日本政府的邮政大臣，她的名字叫野田圣子。

　　人的职场生涯是漫长的，从二十多岁做到五六十岁退休，有三十多年要在职场内度过。而这三十多年不可能全都献给一个单位，跳槽并不一定是职业忠诚度低下的表现。人是在不断的求职和选择过程中最终发现自己的，不同的工作会为自己增添不同的气质，培养不同的习惯。

　　笔者有不少原来在媒体从业的朋友，做了十几年记者，积累了一定的人脉资源，便转行去做公关，给自己寻找一个另外的发展空间。在一个岗位上时间长了，人就容易疲沓，做事情也难以保持当初的激情和新鲜感。这时候换一份职业，激发自己其他方面的潜力，到一个不同的工作领域中去寻找当初的激情，未尝不是保持青春的好办法。生命不息，求职也不会限于一朝一夕。

第十章 职场人生

商场如战场，职场如商场。写字楼政治无论在西方、还是在东方，如今都已成了一门显学。

第十章 职场人生

人的发展过程就是一个学习、实践、再学习、再实践的过程。经过第一轮的求职和就业之后，你会发现，在人生的旅途上，你还有很多东西要学，尤其是做人方面，且这方面的学习是一个持续不断的过程。重构知识体系，应对职场人生对每个人来说，不仅必要，而且相当重要。

2009年夏天，受朋友的委托，我曾为一个博士提供过心理咨询。

说实话，这是一个十分优秀的女孩，她凭自己的聪明和努力，从一个很贫困的山区小学一直读到县级初中、省级高中，一直到全国名牌大学，从本科到硕士一直读完医学博士。

女孩的长相也十分好看，清秀的面孔、洁白的牙齿，未曾说话已满脸含笑，让人看着非常舒服。

但就这么一个十分优秀的女孩，却严重的抑郁。经过短暂的寒暄后，她向我诉说了她的苦恼：

"从小到大，我都十分优秀，不仅是全家人的骄傲，而且是全村人的骄傲。我考上博士那年，我爷爷甚至在村里唱了三天大戏。但这种自豪和骄傲在我博士毕业后便结束了。毕业时我被分配到一所省级医院，据说这是一所许多人打破头才能挤进去的医院，但和我实习时的医院相比，不仅医疗设备差，人员的素质也很低。我刚毕业时分在科里，那些不知从什么门道挤进来的七大姑八大姨们每天讨论的不是吃就是穿，要不就是谁家的女儿嫁了个百万富翁，给爹妈又买房子又买车，一副俗不可耐的样子。没有几个人正经探讨学术问题，一有时间就讨好领导，那样子看了真叫人恶心。我的一位初中同学，上学时总排在我们班的倒数几名，高考时考了一所煤炭学校，这是我们那一届毕业生考取的学校中几乎是最差的一个。就这么个破学校的毕业生现在牛多了，在我们当地当了个矿长，年收入二百多万，许多人见了他都点头哈腰，包括我们班许多过去看不起他的女同学。有一次，他带着他父亲来我们医院看病，找到我，让我帮忙安排我们医院的高干病房，我还在犹豫，结果我们的护士长很痛快的替我答应了。因为他来找我的时候，带着礼物，随手给了当时在场的护士长一份。礼物我当时没太在意，但后来护士长告诉我，送她的那套化妆品至少要四、五千，那相当于我们两个月的工资。我心里对这些很讨厌，特别看不惯他那种市侩劲，有心想把礼物给他退回去，又怕伤他的面子。没想到我们科里的那些长舌妇们倒对我这个其貌不扬的同学赞不绝口，有的甚至张罗着给他推荐女朋友，真叫人恶心。我受不了省城医院的环境，后来又报名来到北京进修，进修结束后好不容易分到了北京现在这家医院，但是情况比在省城好不了多少，甚至更糟。北京的医疗设备好，专家也多，能学到很多东西。但这里竞争也激烈，我们科二十多个人，高级职称的占了差不多三分之一，光博士毕业的就七个，我在这里不算什么。工资虽然比省城高一点，但高出来的工资还不够房租。一个月除去吃、住基本上剩不下什么钱，更不用说接济父母。有时想想，这么多年的书都白念了，还不如一个中专毕业生混得好。一想起这些，就极度郁闷。"

　　上面这番话其实代表了很大一部分人的想法。由于中国独有的高考制度和人们千军万马挤独木桥的趋势，使得"万般皆下品，唯有读书高"的意识在城乡很多人心目中都存在着。

　　"学而优则仕，好分数代表好学校，而好学校代表好出路。" 这是

很多人心中的想法，这现实生活却不全是这样，甚至在有的领域完全不是这样。

事实上，分数也好，学历也罢，它只能代表能力的一种而远非全部。中国从1977年恢复高考，近三十年来，历届文、理科状元中鲜有出类拔萃者。中国科大"少年班"当时的佼佼者们，大部分人至今业绩平平。分数确实难以完全说明问题。

中国企业的常青树，万象集团的董事长鲁冠球只是萧山的农民企业家，小学都没有毕业，但他管理的企业年销售额达600多亿元，涉及金融、能源等十个产业，在中国民营企业中排第三，他所谓的商业知识、智慧，都跟他的学历没有关系。

上面提到的那个中专毕业生，学历虽然不高，但并不代表他智商低，或学习能力差。也许他书本知识的学习能力很差，但他的实践能力可能很强，社会知识的学习能力也可能很强。他能担任矿长，至少表明他有相当的环境适应能力和一定的企业管理水平。

在学校学习阶段，博士自然代表成绩、代表荣誉。但在走向社会后，评价的标准变了。人们关注的不只是你个人的荣誉，而是你能为家庭、为企业、为周围的人，甚至为你所在的地区带来什么，这种情况下，仅有博士头衔显然是不够的。那名中专生自己拥有丰厚的年薪，他可以接济家人，也可以做慈善，他的企业可以解决数百人甚至上千人就业；如果他遵纪守法，他可以向国家交纳更多的税款。如果这些都做到了，他获得人们的崇敬是应该的。

很多人以为，有了高学历就代表有高知识。事实上，真正的学习可能才刚刚开始。

很多年前，在我刚踏上工作岗位的时候，有好心人曾和我说过：天资好不如学问好，学问好不如做事好，做事好不如做人好。当时我对这些话不屑一顾，根本没有静下心来认真地想想其中的道理。

人近中年时回忆起这些话才觉得可能万分正确。

天资聪明却不认真学习自然不会有好的学问，光有学问却不勤勉做事自然不会有成果，光会做事不会做人，也可能一辈子只能原地踏步，很难获得晋升。

　　中国和欧美不同，那里是一个比较讲究的法律社会或法则社会，你只要按法律或法规的要求去做，多半会顺利或成功。但在中国却不尽然。庞大的人口、激烈的竞争使得"做人"成为中国社会一门非常扑朔迷离的学问，很多人一辈子不明就里，因而一辈子难以"进步"。

　　我刚参加工作的时候就不懂得如何做人。由于大学时担任过学生干部，自恃能力很强，开会时领导让提意见我真的就提了，而且提的直截了当，毫不拐弯抹角，我会上经常得到领导的肯定和表扬，但在会下我得到的评价可想而知。

　　我来自农村，不懂城市人的规矩。初来乍到，又不注意学习，心想只要把我分管的这片庄稼地种好了就可以了。我的同事小丁来自北京，且父母身为干部，因而"做人"的功夫十分了得。他经常在下班前要去领导的办公室问一句"领导，还有什么事吗？"我当时觉得他这样做纯粹是"脱了裤子放屁，多此一举"，心里十分不屑："领导有事会吩咐你，用不着上赶着去巴结。"心里这么想，我事实上也是这么做的，上班后不"请示"，下班前不"汇报"，节假日甚至连一个祝福的短信都没给领导发过。我心里并不是不尊敬领导，但是却耻于做这些事。如此"做人"的后果是，当年的小丁现在成了一家大国企的丁总（正厅级干部），当年的小席现在变成了老席，大部分时间只能坐在书桌前看书、写书。

　　我并不是说看书、当作家不好，人各有志，不能勉强。问题是我现在的这种状态并非出自我的自愿，乃是被迫。当年我曾十分向往小丁现在的事业，但却空有抱负，没有认真学习做人做事的知识。

　　做事主要是指自身的工作才能、专业技能，而做人一方面是指内在的人格和人品，另一方面指的就是如何处理自己和他人的关系，也就是人际交往的能力。

人际交往能力大概也分两种：第一种是沟通表达、交际应酬、察言观色等方面的能力，第二种是拓展、维护、交际圈并整合人脉资源的能力。

比方说，在朋友的一次生日派对中，有的人整个晚上只跟熟悉的人倾心交谈，有的人却能很快和陌生的人成为朋友，这就是一种能力；在这个场合认识的陌生朋友并在以后的日子里长期联系并在合适的时候让对方在事业上给予帮助，这就是第二种能力。

应对职场人生，首先要重新构筑你的知识体系。

重构知识体系，首先是技术层面的。你的工作岗位是一名医生，那你接触过多少病例？动过多少次手术、解决过多少疑难杂症？你的岗位是一名矿长，那你懂多少煤炭安全知识？你的煤矿煤质如何？煤炭开采中最先进的技术你是否掌握？

重构知识体系，必须对所从事的行业有一个清醒的认识。你只是一名征费员，那你要考虑这个行业未来发展趋势怎么样？会不会因燃油税改革而取消收费制度；你是一名设计人员，你应该明白本行业设计最牛的区域是欧洲还是美洲，设计的流行趋势是什么？设计方面的大师有哪些，他们为什么会成功？

重构知识结构，意味着我们必须强化自己的生活常识。比如防火、防电、防煤气、防震、防盗常识，这些常识可以使你的生命安全得到最大程度的保护；比如成长发育等生理、心理常识，它可以使你的生活减少许多烦恼；比如约会不能迟到、开会关闭手机、公众场合不要大声喧哗、公众场合不要随地吐痰、乱扔瓜皮纸屑等社会常识，熟悉并遵守这些"常识"，可以使你在别人眼里成为一个有素质的人。

中国有句谚语：世事洞明皆学问，人情练达即文章。确实是这样。

在小公司是做事，在大公司是做人；三十岁以前，百分之八十的成功靠做事，三十岁以后百分之八十的成功靠做人。

做人在中国是门学问，是门很深的学问。

清朝初年的吴三桂，手握重兵却拥兵自重，先是叛明，后又反清。既不从一而终，又不从善如流，最终首鼠两端，客死于战火之中，身败名裂；而清朝末年的曾国藩，既立有大功且手握重兵，却审时度势、进退有据，身为一代权臣而功成身退。

同为汉人，同被封侯，同样手握重兵，因做人的不同，而产生了完全相反的结局。

做人的问题，不光只有中国存在，外国也一样。美国的白领阶层中曾流传过这样一句话："谁也躲避不了税收、死亡和写字楼政治。"亚里士多德也说过："人类天生就是政治动物。"

现代企业中，企业成员之间的人际问题让众多职场人士和职业经理人饱受折磨。不管是彼此合作还是利益分配，抑或职位升迁，都会使原本简单的关系变得复杂起来。近年来，职场小说畅销，一部《杜拉拉升职记》受到不少新入职场者的追捧。从某种意义上说，这也是职场人事复杂的有力证明。

关于职场规则、办公室政治等"人情世故"，笔者不想在这里作过多叙述。只想做几点提醒：

一、以谦卑的态度融入职场

我曾面试过一位北京印刷学院的毕业生，他当时应聘的职务是印务监理。在一分钟的业务陈述中他接连向主考官的我问了三句"你懂吗？"或许这只是他的口头禅，但其不长的叙述却给人留下了"傲慢不羁"的印象。尽管后来勉强录取他实习，但在工作中他因处处显示自己的专业技术而和同事格格不入，最终只能遭到辞退。

我原来在报社工作时有一位姓崔的同事，人其实不错，但就是有一点，爱挑别人的毛病，对任何人任何事他都要发表"权威"意见，有时为了一个不相干的事经常在办公室和别人争得面红耳赤，而且每次争论一定要占上风才善罢甘休。久而久之，他一说话别人就都缄默不语或找借口走开，他成了孤家寡人，他辞职的手续尚未办好，他的个人物品已被人从三楼扔出窗外。

二、理清公司的人际关系

初出茅庐的小伙子、小姑娘们往往一下车就哇哇大叫，不懂得什么叫察言观色。公司之所以成为公司是由人堆积而成的。这些人表面上看起来来自四面八方，彼此没有什么关联。但实际上不是这样，张三是由李四介绍来的，李四又是由王五提拔起来的。彼此之间四通八达，错综复杂，即便是公司的看门老头，也很可能是老板的表舅，至于老总的司机、老总的秘书跟老总的关系更是非同小可，大意不得。

三、多干活，少说话

公司的人事结构错综复杂，也许总经理和财务主管是大学同学，而你的主管可能和财务经理有过节，而副总经理可能是董事长的小舅子。初入职的人最好多观察、少说话。特别不要对听到的负面议论发表评论。也不要有试图跟哪个部门领导结成同盟的想法，否则，你可能立足未稳便成了写字楼政治的牺牲品。

四、学会取悦老板

这里的取悦老板不是让你一味的无原则的巴结上司，而是要以扎实的工作业绩和出色的沟通能力取得老板的信任和喜欢。

刚参加工作的人往往容易对老板敬而远之，相反却和同事打得火热。和同事处理好关系并没有什么不好，但你要明白给你发工资的是老板而不是同事。而且就一般情况而言，同事是你事实上的竞争对手。

学会取悦老板首先要弄清楚老板的为人和做事风格。老板是个很守时的人，你却偏偏爱迟到；老板衣着朴素，你却经常打扮得花枝招展；老板喜欢加班，你却晚一分钟下班都不行；老板爱讲迷信、风水，你却偏偏爱宣传唯物主义……这样的下属没有几个老板会喜欢。

取悦老板，一定要让老板感受到你是一个不可替代的人。

取悦老板，还要对老板身边的人礼貌有加，老板的家人、老板的秘书、老板的司机，一个都不能得罪。最最重要的是，千万不要试图和老板的女秘书调情。你这样在老板的眼皮底下做这些事简直是自寻死路，道理我不多讲了，想想就会明白。

五、注重小节

在公司里，有些事是只能听不能说的，有些事是只能做不能说的，有些事又是绝对不能做的。

比如听到同事的一些八卦新闻尤其是个人隐私，就只能听不能说。

看见同事或上司的一些隐情一定要装作没看见，千万不要抱着避之不及或拿人一把的心态，要知道这些事知道的越少越好。

不要在办公室里煲电话粥，这不但会影响其他人的工作，同时表明你公然的偷奸耍滑并且浪费公司的电话费。

最好不在办公室里发展恋情，它会使你和其他同事之间的关系变得微妙，并且使你在公司处境变得微妙。因为任何一个老板都不想把自己的企业变成别人的家族企业，哪怕这个家族只有两个人。

最好不要在同事间传播黄色笑话，尤其是在异性面前，它通常会让人产生别的联想，除非你有意这么做。

做人的问题不光只有中国存在，世界各地皆如此。人类社会永远是个金字塔结构，所有的人都试图向塔尖发起冲击，国家和国家之间、地区和地区之间、企业和企业之间、人和人之间都存在竞争关系。有竞争就有平衡、协调，因而就需要沟通、交流、解释等"做人"的本领。否则，团队与团队之间、人和人之间就可能时时处处狼烟四起、战火不断。

但是较劲也好，谈判也罢，都是需要筹码的。换句话说，不论团队还是个人都必须拥有核心竞争力，即你立足于某一行业、某一体系或某一环境下的必备的知识。

托马斯·弗里德曼在他享誉世界的畅销书《世界是平的》一书中曾谈到作为一个未来合格的具有世界意义的中产阶层所需要的必备的知识：

在平坦的世界中你们首先需要培养"学习如何学习"的能力——不断学习和教会自己处理旧事物和新事物的新方式。这是新时代条件下每个人都应当培养的能力。在这个时代里，一切或部分工作都将不断受到数字化、自动化和外包的挑战，而且新的工作和新的行业也将越来越快地涌现。在这个世界里，要想脱颖而出不仅要看你了解事物的多少，也要看你了解事物的方式。因为你今天了解的事物可能很快就会过时，其速度之快恐怕你连想都想不到。

······

第二点，我们必须考虑如何教育孩子网上冲浪的技巧。随着世界变得平坦，越来越多的知识、信息、新闻、软件、商业和社会会出现在互联网上。我们的孩子将通过网络互相联系，并和更广阔的世界以及网络上的一切建立联系。因此，我们必须教会孩子在虚拟世界漫游，并如何甄别网络上的噪声、垃圾和谎言，如何发现网络上的智慧、知识的来源。

在处理信息的时候，判断真伪和发现真理的能力总是很重要的，但如今更为重要。越来越多的人从没有经过编辑的新闻网站获得信息，越来越多的人在没有教室的网上学校自己学习，越来越多的人在创作自己的博客和播客，越来越多的人在和他们不知道而且从未见面的网友交流。因此，我们不能忽视网上的资源，但必须教会他们如何更好地在网上冲浪，如何核实事实的真相。

······

我要说的第三个主题是激情和好奇心。不管做什么事情，拥有激情和好奇心永远都是一大优势。如果你自己都没有激情，那你就不可能点燃别人的激情之火。

······

第四点更为重要，即文科的重要性。新的中产阶级工作需要综合能力，因此重要的是鼓励年轻人学会横向思维并把不同的节点连接起来，这才能带来创新，但首先你要有足够的节点。我认为这有赖于文科教育。文科教育强调横向思维。强调历史、艺术、政治和科学之间的联系。达·芬奇是伟大的艺术家、科学家和发明家，他的每一种专长都滋养了另一种专长，他是伟大的思想家。如果你只是专注一门学问，就永远不会有综合思考的能力。

……

当然，人不可能充满预见地将这些节点串联起来；只有在回头看的时候，你才会发现这些节点之间的联系。所以，一定要坚信，你现在所经历的将在你未来的生命中串联起来。你必须相信某些东西：自己的直觉、命运、勇气、机缘……

……

能够创造出新产品和服务的国家将在全球市场上占据优势，并能让本国国民获得更高的工资。但这种领导地位并不完全取决于科技，它取决于能不断自我更新的创造力，取决于有一大批能想人之未想、有绝妙市场营销策略、能写书、拍电影、开发新软件以释放人们想象力的人。在当今世界，大部分工作岗位都需要劳动者有很高的阅读、写作、演说、数学、科学、文学、历史素养；如今，能自如地抽象是获得理想工作的通行证，创新是美好生活的关键，进一步学习和深造是唯一的保障。"

……

弗里德曼在谈到必备知识这一章节时多处谈到创新和不断深造，这也从另外一个角度证明重构知识体系的重要性。

总之，学校生涯结束后，你还面临一个职场人生和重构知识的过程，千万不要以为学习已经结束了，路还长着呢，许多人就是在这条路上被别人远远地甩在了后面。

第十一章 人和人，究竟差在何处

每个时代有每个时代的英雄，谁能最先意识到时代的需求，谁就能走在时代的前列。

第十一章 人和人，究竟差在何处

性格决定命运，细节决定成败，而意识则决定前进的速度。人和人之间最主要的差别其实就是意识。"文革"时期，当大多数青年对"读书无用论"津津乐道时，有人却摊开了书本；在一个高度物质化的时代，当不少人利欲熏心时，有人却恪守诚信……超前的意识经常让人超前发展，而这种超前的意识除了基因和家庭环境外，还靠自身孜孜不倦的学习和探索。

在日常生活中，我们经常能注意到这样的现象：两个学历相同、年龄相同、智商相似、背景相近、同时入职的年轻人，一个在几年后已升任高层，另一个仍然在原地踏步，这是为什么？

有人把它归结为机遇。但是，同样的机遇为什么有人能捕捉到，另一些人为何却失之交臂呢？

人们经常说：性格决定命运。在我的理解看来，性格在很大程度上取决于人的智能结构。比如有人善于言谈，有人长于计算，有人喜欢舞蹈，有人钟情管弦……这种性格会导致不同的人有不同的发展格局，所谓性格决定命运更准确地说是由于每个人的智能结构不同而决定了每个人发展方向的不同。这其中，先天性的因素要大于后天性的因素。

几年前，有一本书叫《细节决定成败》曾风靡一时。书中的主要观点讲述的是几乎所有的成功者都很注重细节，而大多数失败者之所以失败在很大程度上和不注重细节有关。十几年的工作经历让我对这一点深有体会。

我曾亲眼目睹过这样一件事：一位企业的老总让秘书通知公司中层以上的管理人员下午2：30在公司的会议室参加企业文化培训。结果50多人的中层管理人员准时参会的不到15人，开会半小时后陆续到达的有10人左右，直到两小时的培训结束，也只有一半人员到达。公司老总大为光火，要知道这是一次非常重要的培训，讲课的是国内非常著名的企业文化研究专家。一个近5000名员工的企业，组织这样一次小型会议却是如此的结果，让企业的管理者在主讲人面前有点下不了台。老总下令调查原因。

调查结果显示，有三分之二的人根本不知道这次会议，那10个迟到者也是听说后才急匆匆放下手头的工作赶去参加培训。

为什么大部分人没接到会议通知呢？原来问题出在新来公司不到两个月的秘书身上。

老总通知秘书的时间是上午9点15分。按理说秘书完全有充足的时间把公司的通知传达给每一个需要参会的人。但实际情况是：秘书把通知打印了一份便贴到公司一楼大厅的布告栏上。这份通知是这样写的：

通　知
今天下午2点30分所有中层以上干部到公司三楼会议室开会。

秘书把这样一份通知往布告栏上一贴便理所当然地认为完成了老总交办的任务，于是本不该发生的事便发生了。

这件事最后以秘书被辞退、办公室主任被扣罚当月奖金而结束。但实际上问题并没有解决。

这件事情暴露的并不是秘书个人的问题，它实际上暴露了公司上下不注重细节的企业文化。

首先看老总，他至少犯了两个错误：第一，越级管理。既然有办公室就应该通知办公室主任而不应该由自己直接通知秘书，自己亲自通知又没有检查落实这一环节，而是理所当然地认为秘书会出色的完成任务。所以出现那样的结果老总自然有责任。第二，老总只交待了开会的时间而没有交代清楚开会的内容以及意义，以致秘书并没有对这次会议予以足够的重视进而考虑更多的细节。

再看办公室，至少犯了一个错误：对新来的秘书没有必要的培训。另外半个错误是：对老总交代给本部门员工的任务没有尽到提醒和督促的义务。

至于新来的秘书，犯的错误更多，她不仅是个不称职的员工，而且是一个缺乏"常识"的人。

如果是一个非常注意细节的公司和非常注意细节的员工，这项工作的程序应该是这样的。

一、确认工作任务

什么时间开会？什么地点开会？什么人参加？内容是什么？开会的意义何在？需要做何特别的安排？

二、确认开会场所及设备

会议室是否有档期？设施是否齐全（音箱、麦克、桌椅等）？会场是否干净整洁？是否还需要特别的准备（如投影、横幅、标语、记录员、录音、录像等）？

三、通知

1．拟定通知内容并确认无误

2．在布告栏张贴通知

3．用邮件通知

4．用手机短信通知

5．在规定时间内没回复者亲自用电话通知

6. 重要参会者（如主管副总、人力资源、企划部门）要重点通知

7. 对不能参与或无法取得联系的人员要在参会前两小时上报老总

8. 对老总回复的处理意见迅速落实

四、其他准备

1. 是否需要为老总或主要发言者准备发言稿或发言提纲

2. 是否需要去机场或车站接送演讲者？需要什么样的接送仪式（车、鲜花、接送人员等）？

3. 是否准备晚宴、何人参加、在何地举行

4. 此次培训后，相应的后续布置是什么

以上是一个合格的秘书需要考虑的大部分细节。与此相比，我们前面提到的这位女秘书只完成了全部工作的不到十分之一。

对细节的重视与否确实能决定一件事情的成败。学过历史的人都知道，历史上很多起义的发动者都是由于对一件很小的事情重视不够而暴露了起义计划并遭到敌人围捕。相反，像《潜伏》中的间谍人员在敌营中是时时处处注意每一个细节，因为稍一不慎就可能人头落地。

如果生活中的我们能像《潜伏》中的主人公那样处处注意细节，那我们几乎是战无不胜的。

决定一件事情的成败在很大程度上取决于你对细节的重视，而对细节的处理也在很大程度上反映着企业的文化。

我经常想一个问题：中国的中餐馆那么多，味道那么好，为什么就没有一家世界级的连锁店？

我想了很久，问题至少出在两个方面：一是细节方面；二是意识方面。

细节方面，我只举一个例子。在中国的连锁餐厅吃饭，同一道菜在不同餐馆你很难获得同一个口感，而同样的汉堡包你在不同的麦当劳店中尝到的口感却几乎没有差别。中餐馆这种缺乏模式化、标准化的管理让人很难对品牌产生认同。

在意识方面，我也举个例子。无论你到肯德基还是麦当劳，卫生间

肯定是最干净的地方，而中餐馆却不尽然；如果你不就餐只是想使用一下洗手间，在麦当劳里你不用担心任何人会阻拦你，很多时候，麦当劳里的员工还会对你报之以微笑；但同样的情况发生在中餐馆，你可能会被不客气地拒绝或被礼貌地告知：洗手间不对外开放，除非你在此就餐。就算你没被阻拦而侥幸上了一回洗手间，你也一定惴惴不安担心遭人白眼。

为什么会有这种感觉？

实际上，顾客的这种不同感受来自于麦当劳和中餐馆对于经营理念的不同意识。

在麦当劳看来，它给顾客提供的是一个人性化的全天候的立体享受环境，儿童娱乐区、洗手间等都属于非常重要的服务环节；而在很多中餐馆看来，它只欢迎你前来就餐消费，它最在意的是你的钱袋子，其他免费项目则基本不在它的服务范围内。

就是以上的意识的不同，让许多中餐馆丢掉了一批又一批的潜在客户。于是你会看到这样的现象，一家新开业的餐馆总是高朋满座，但用不了几年，当人们对这家菜品厌倦的时候就会弃它而去。为什么？因为在餐厅的意识里，最在意的是顾客的消费能力，于是它重点会对菜品下工夫，而对环境、软服务等却不甚重视。顾客对餐厅没有立体认同感更谈不上文化认同感，因而一旦对菜品厌倦了就等于对这家餐厅也厌倦了。俗话说：花开能有几日红，再好的菜每天吃一遍也会厌倦，何况中国的餐厅这么多，可选择的余地非常多，何必在你这棵树上吊死。于是春去春来，一批批餐厅倒闭了，一批批接着再开，只是百年中餐老店不再、世界连锁餐厅难求。

北京有家海底捞火锅店，说实话，它的菜也就中等，但它的服务非常有特色，所以它总是能吸引一批又一批的客人。

事实上，客人就餐的过程也是个立体享受的过程，不光对菜品、对环境、对服务、对细节都有很高的要求，但大部分中餐厅对此不大重视。我曾去过我们小区的一家川菜馆就餐，菜很不错，但卫生间臭气熏天。我曾很友好的向老板建议改进卫生间的空气，但老板不置可否。时隔一个月，我又去这家餐馆就餐，发现卫生间依然如故，这一次我什么话都没讲，吃完饭匆匆离开了这家餐馆，从此以后我再也没有去过这家餐馆，一年后，这家味道不错的餐馆倒闭了。估计大部分客人和我一样，忍受不了卫生间的臭味。

落后的意识经常导致企业经营后继乏力、导致个体人生的苍白，而超前的意识经常让个人或企业加速发展。

我们在前面的章节中曾提到柳传志能从一篇普通的关于养猪的文章中意识到"世道要变了"。无独有偶，华西村的当家人吴仁宝也有这种超前的意识。

1992年春天，邓小平南巡，不仅在政治上造成了空前的震动，同样在经济上形成了强烈的号召力。那些深谙中国国情的人，都从中嗅出了巨大的商机。在江苏的华西村，每天准时收看新闻联播的吴仁宝一看到邓小平南巡的新闻，当晚就把村里的干部召集起来，会议开到凌晨两点，他下令动员一切资金，囤积原材料。为此，他整日奔波，一方面四处高息借贷，另一方面到处要指标、跑铝锭。他的大儿子吴协东后来透露："村里当时购进的铝锭每吨6000元，三个月后就涨到了每吨1.8万多元。"吴仁宝此役大获全胜。

你看，财富就是这样靠超前的意识一点一点积累起来的。

靠超前意识取得超前发展的例子还有很多。

1992年是一个激情涌动的年代，很多具有超前意识的人在这一年里改变了自己的人生。

1990年，对宦途升迁意兴阑珊的郭凡生已经身在曹营心在汉，去一家科技贸易公司当兼职副总经理。"南巡"讲话后，他决意脱下"官服""下海"创业。在北京官场，他几无任何人脉和资源可以利用，于是只好白手起家。善于观察的他发现，在喧闹嘈杂的中关村，每天都在进行着各种电脑用品的交易，但却没有人对这些信息进行整理。于是，他办起了一家慧聪公关信息咨询公司，其主要业务就是每周油印一本《慧聪商情广告》的小册子，每天，郭凡生就带领20多人骑自行车穿梭在中关村的各家商户之间。

慧聪的业务竟非常的好，几年后，它成为中关村最大的商情信息提供商。在互联网兴起的2000年前后，慧聪转型成一家电子商务公司，后来发展成仅次阿里巴巴的电子商务公司。

这年5月，郭凡生的同事、中央党校法学硕士、在国家体改委任过职的冯仑决定到海南碰碰运气。他于一年前辞职下海，一度给当时叱咤风云的牟其中当过一段时间的幕僚。

据冯仑回忆说，一些从北京南下的人，靠政府背景拿到一块地，仅凭一纸批文就可以获利上千万元，看得让人心惊胆战。

"在海南，冯仑碰到了五个志同道合者——王功权、潘石屹、易小迪、王启富和刘军，这伙人合称'万通六兄弟'，后来均成了中国商业界的风云人物。他们都是从政府部门辞职出来的，受过良好的高等教育，在汹涌迷乱的海南，他们倒卖批文、炒作土地，很快掘到了第一桶金。"作家吴晓波在他的《激荡三十年》中这样写道。

非常有意思的是，这些具有超前意识勇闯海南的试水者们在海南搏击了一段时间后，很快就清醒地意识到"海南的好景长不了"。一年后，六人撤离海南，冯仑和潘石屹再次回到北京。冯仑开始开发万通，潘石屹离开万通创办了红石房地产公司，他们后来都成为地产界的标志性人物。

《中国企业家》杂志主编牛文文在谈到"92派"时说，他们是中国现代企业制度的试水者，和之前的中国企业家相比，他们应该是中国最早具有清晰、明确的股东意识的企业家代表，这些人往往在政府部门待过，有深厚的政府关系，同时又有一定的知识基础，具有前瞻性和预测能力。

如果回首中国企业几十年发展的历史，在历史转折关头总会有一批企业人脱颖而出。1978年时有一批；1984年前后特区刚兴起时有一批；1990年前后有一批；1998年亚洲金融风暴中有一批；目前（2009年）经历的全球性经济危机中也必然有一批。这正如运动员赛跑，最容易在拐弯处分出高下，中国众多公司的此起彼伏，也每每是在周期性的经济动荡时期变幻着各自的命运。

　　比如，开始于1989年初的治理整顿，让无数企业倍感压力，却也让那些有超前意识的企业获得了快速成长超越同类的机会。

　　在青岛，张瑞敏和他的海尔在经历了早期求大于供、粗放经营的阶段后，开始把注意力放到质量的提升和新技术的开发上。张瑞敏在福建跑市场时发现了一个怪现象：到了夏天，人们洗衣服洗得特别勤，洗衣机反而卖不动。很快他找到了原因，当时市场上只有容量4公斤、5公斤的洗衣机，夏季每天要洗的衬衣、袜子，用大洗衣机洗又费水又费电，不如用水洗方便。其实并不是夏天人们不需要洗衣机，而是没有适合的洗衣机。

　　于是，海尔的工程师们马上研制了"小小神童"洗衣机，洗衣容量为1.5公升，3个水位，最低水位可以洗两双袜子。这种洗衣机投入市场后立刻就供不应求。靠着超前的市场眼光和创新能力，海尔很快就走在了其他同行的前面。

　　北京联想的柳传志在1990年获得了第二届全国科技实业家创业奖金奖，联想成为当时继四通之后最大的电脑销售商，开始自主生产，销售微机板卡。"人类失去联想，世界将会怎样？"的广告从这时起风靡全国。

　　在偏远的四川绵阳，一家名叫长虹机器厂的军工企业突然跃升为全国最大的彩电制造企业。它在1980年率先转型，与日本松下合作，成为国内首批引进生产线批量投产彩电的企业。就在彩电供不应求的1988年，当众多彩电厂家正沾沾自喜时，倪润峰又研制了第一台立式遥控机型，他还组织了200名销售员"上山下乡找市场"，正是这种超前的意识使得长虹成为全国首批45家国家一级企业之一，而且是西部唯一的一家。

无论是海尔、联想还是长虹，在1988年之前的国有企业序列中都是寂寞无名之辈，也没有得到国家政策的特殊倾斜，然而它们都因为有一位意识超前的领导者，并且在各自的行业中率先完成了技术改造和管理提升，因而在市场竞争中站稳了脚步，得以迅速地脱颖而出，相继成为新一代国企的典型。

并不是所有的人都能在关键时刻改写命运抓住机遇，那些缺乏全局眼光的人注定和机遇失之交臂。

1997年，正是亚洲金融风暴最猛的时期，潘石屹买下了位于北京东三环的红星二锅头厂老址，想要开发一个名叫现代城的商住楼盘。他很有创意地想出了一个SOHO的新地产概念，意思是"小型办公、居家办公"，当时楼市清谈，SOHO现代城推出后一直销售萎靡，潘石屹特意请来香港最大的房地产代理公司利达行的掌门人邓智仁出任项目的总策划。邓智仁彼时已转战北京多年，成功代理和销售过北京的很多楼盘，但不论邓智仁如何用尽手段，SOHO现代城的销售就是不见好转。1998年11月，失去耐心的邓智仁跟潘石屹大吵了一场后，心灰意冷地弃"城"而去。但就在此时，"风水"突然变了，从11月20日开始，现代城的销售嗖嗖地上去了，最高的一天成交额达到了3000万元，这离邓智仁弃现代城而去还不到20天，潘石屹的好日子就这样凭空而降了，然而邓智仁却走了。

现在看起来，邓智仁失去机遇并不是偶然的，他充其量只能算个战术家而并非战略家。如果他的目光抬得再高一点，视角再远一点，他就应该清楚地意识到：在当时急需启动内需的形势下，房地产市场由"阴"转"晴"只是时间问题。

读到这里，很多人都会问一个问题：一个人的超前意识是从何而来的呢？

我以为主要由以下几个方面形成：

一、智能结构，即承认先天遗传的作用；

二、学习意识，一个不管拥有怎样的天赋，总有不足的地方，而学习可以弥补这一缺陷。

三、环境影响，这里既包括先天环境也包括后天环境，先天环境如家庭环境、家族环境、成长、生活环境；后天环境包括通过自己努力争取得到的环境。

比如一个人生活在一个商人之家，他意识中就会比普通人多一份商业敏感。我上大学时，我们班经常有福建、广东的同学在开学时将当地走私而来的香烟、手表等偷运到学校贩卖，一转手整个学期的生活费就不用愁了。他们这种走私意识显然是受了家庭和所在区域的影响。而我从小生活在农村，既不可能有这方面的渠道更不可能有这方面的意识。

后天环境通常由个人的努力争取而来。比如你想从事文化产业，那你最好到北京，因为北京是文化资源最充足和文化市场最发达的地方；如果想搞商业，早期的广东、福建，后来的浙江、深圳、海南等都是不错的选择；如果你想搞金融最好去上海，想搞信息最好去美国硅谷；如果想学习礼仪和培养绅士风度最好去英国和法国。

总之，你只有站在产业的最高点和机会最多的地方才有利于培养超前的意识。

一个人成长中的超前意识和家庭及成长所在地的环境密切相关。它在很大程度上决定你的思维角度和高度。不久前，我的一位初中同学从美国回来，他在美国待了十一年，他的女儿从6岁起到美国，现在即将高中毕业。我和她认真地谈过几次话，她的思维、举止已完全是美国式的，除了长相外，在她身上已看不出任何中国文化的影子。我由此感叹，环境对一个人的塑造实在是太强了。

获得超前意识需要我们每个人有意识地思考未来，分析家庭对我们成长中的影响，在此基础上分析自己的性格特征以便在生活中除弊兴利（这些内容我在本书第二、三、四章中已专门谈到，这里不再多叙）。

第十二章 把我经历的故事
讲给你们听

我曾三次求职、三次创业。而我人生的第一份工作是从蹬着三轮卖菜开始的。

第十二章 把我经历的故事讲给你们听

大学毕业后，我不光卖过菜，还卖过报纸、卖过书。我曾三次求职、三次创业，每一次都充满了酸甜苦辣……现在，我喜欢上了写作，并将以此为终身职业。

我在引言中曾讲过：初来北京的时候，我曾在北京石景山区鲁谷路卖菜，那是一段令我难忘的岁月。

到北京卖菜，是我自己的选择，并没有任何人强迫。

1991年春节过后，我开始了发疯似的寻找工作的过程。由于当时特殊的政治气候，大学毕业生很难留在党政机关和大型国有企业，留在大城市也极其困难。

当时流行的一句词叫"双向选择"，但实际上还是以用人单位单向选择为主。尽管当时依然"包分配"，但所谓的"包分配"，其含义实际上就是：如果你自己不能找到合适的工作，你的档案就会被打回原籍，也就是说如果我自己不能在北京、天津、太原等地找到合适的工作，我基本上会被分配在我出生地所在的乡镇当一名"乡官"或"村官"。

我曾经在我的故乡山西太原联系过省委纪委办公厅、省政协报、山西青少年报刊总社及一家出版社，但最后都失败了。

在北京，我先后联系过一家行业报纸和一家三资企业，但先后都失败了。中国青年政治学院校刊编辑部一度曾准备录用我，不但很详细地看了我的简历，而且专门面试了我两次，并让我敬候佳音，但不知何故最后仍然对我说了"抱歉"。那段时间里我最大的希望是位于北京市石景山区金顶街附近的一家建材集团，该集团人事部门对我的情况很满意，并郑重表示录用我，同时在我的毕业推荐表上盖了大红印章。这意味着该集团已铁定录用我，拿着接收单位开具的接收函我兴冲冲地回到母校，向同学们宣布我已顺利被北京某单位录用。但是得意忘形的我忘了临分手时该集团的负责人对我说过的一句话："一般来说，只要在用人指标范围内我们集团通过了基本上就没问题了，但最后还须北京市人事局批准。"

1991年4月20日，我接到了该单位的电话，我被告知，北京市人事局没有批准我的留京指标。

满以为十拿九稳的工作霎时泡汤了，我十万火急再次奔赴北京，此时离学校规定的找工作截止时间只有五天了，如果我不能在规定的时间内再次找到工作，那么我的派遣证和档案将被打回原籍。

五天！决定命运的五天！如果我不能在五天内攻下"工作"这块高地，我的人生轨迹将完全不同。要知道，那个时代，在北方，自由流动打工还是一件很难让人接受的事情。

那五天里，我像只没头的苍蝇到处乱窜，不管有无可能到处投简历，很多单位都会客气的对我说"很遗憾，我们没有用人的计划。"有几个单位还没容我开口就冲我挥挥手："去去去，我们不要人！"那神情，真的和赶乞丐差不多。被人赶出门的一瞬间，泪水经常在眼眶里打转，但我使劲控制住不让它流出来，因为不等你擦干眼泪，你就得奔向下一个单位。

由于有了这一段"痛苦"的求职经历，当我后来成为用人单位的主考官时，对前来求职的人总是尽量欣赏和关爱，对实在无法录用的求职者尽量予以关心和鼓励，告诉他（她）们不能录用的原因，并尽可能提供求职信息。

在学校规定的最后一天，我终于"找"到了工作。就是我后来就职的北京市石景山区菜蔬公司。

当时情景是这样的：连续奔波四天无任何收获的我痛定思痛，决定调整求职策略。

为什么说是"痛定思痛"呢？因为那天凌晨我负了伤。为了省钱，我当时住在北京大学浴池（白天洗澡，晚上九点以后住人，每天两元人民币的住宿费）。第四天晚上我回到浴池时已是第二天的凌晨了。一天的失意，一天的疲惫，我不知自己是如何"破"门而入的。夜里一点多，我被一阵钻心的疼痛唤醒，披衣起床，发现左腿血流如注。望着大门口的一堆碎玻璃，我才明白自己在进门时撞上了玻璃，但当时却毫无知觉竟昏头昏脑的睡了过去（可见当时我身心疲惫）。夜里两点多仍然无法自行止血的我不得不敲开了北大校医院的大门，迷迷糊糊的小护士在我的要求下战战兢兢为我缝了六针（当时因为着急，竟然没找到麻药）。缝针时我都能感觉到弯针穿过皮肉的声音。

这次手术好像没有付费，那位小护士可能理所当然地把我当成了北大的学生或者出于同情自作主张给了我免了手术费。一个月后，我想起这事赶去北大交费时，一位管事的阿姨笑了笑说："算了，就算不是北大的学生也是天大的学生。"还关心的询问我伤好了没有。我对北大的印象从那一刻起变得美好起来。

在学校毕业分配截止日的最后一天上午，我忍着疼痛又出发了。这一次我决定调整战略，不在北京的城区逗留，而是奔向人烟稀少、地处偏僻的石景山。走出古城地铁时已近至中午，我望着满大街人来人往的人流不知该奔向何方。正在此时，一阵微风吹过，不远处一面红旗迎风招展，我灵机一动向路人打听那是什么地方，被告知是石景山区政府。

正是正午时分，我走进石景山区人事局。正准备下班的区人事局调配科长李秀文女士接待了我，看了我的简历，她有点惋惜。

"我们区大规模的招聘已经结束了"，顿了一会，她返身在一大堆资料中翻找了一下："这样吧，有两个单位不知道你是否愿意去？"

"哪两个单位？"我局促不安地问道。

"一个是区环卫局，一个是区菜蔬公司。"

"我去菜蔬公司！"

仅仅考虑了三秒钟，我便迅速做出了决定。我当时想，环卫局不就是扫大街嘛，这点活我从小学到大学都不陌生，如今不必再重复；菜，我从来没卖过，可以试一试。

"那好，下午就去菜蔬公司面试吧。"

我的第一份工作就这样敲定了。

1991年7月9日凌晨5点多，我从天津大学正式毕业，坐上了清晨开往北京的列车。下午便赶到菜蔬公司报到，之后被分配在石景山区鲁谷路菜站工作。

需要补充的是，我在菜站的工作并不顺利。我在鲁谷路菜站卖了两个月菜后，不知何故又把我发配到石景山区西区菜站。在那里，我的工作又一次发生了变化。

西区菜站是一个很大的菜站，共有20多名职工，分三个组别：副食组最好，主要卖肉食（又能吃又能拿）；饮料组次之，虽油水不多，但清闲、干净；最差的就是蔬菜组。我理所当然地被分在了蔬菜组。

菜站的经理叫小易（化名），是个近40岁的中年妇女，小学文化，见我没有溜须拍马的意思便经常讽刺我："我儿子长大了我一定不让他上大学。上大学有什么用，像你这样的大学毕业生不也得和我这个小学毕业生一样卖菜吗"等等。

我对小易的挑衅充耳不闻，每天只是低头做我手头的工作。见我对她的讽刺无动于衷，小易便加大了对我"打击"的力度。

到西区菜站一个月后，我便从蔬菜组的站柜台小组调到了后勤小组。当时蔬菜组共分为三个小组：最好的工作叫大客户小组，主要负责周边大单位的集体采购，经常陪人吃吃喝喝，一般是经理的红人才能担此要职，我自然轮不上；次一点的就是柜台小组，主要是站柜台卖菜。相比而言，工作还算干净，但一天柜台站下来也累得腰酸背痛；最差的当然是后勤小组，主要工作是卸货、修菜、倒垃圾。所谓"修菜"就是把外表腐烂的菜剥掉。卸货、倒垃圾倒没什么，我在老家农村也干过。虽然每次卸冬瓜时我总被冬瓜表面的小毛刺扎得满手鲜血，但对于从小上山砍柴、经常被树皮刮破身体的我来说，也已经是司空见惯。最难以忍受的是修菜，一是这种"技术活"很少有男人干，再就是仓库的烂菜恶臭难闻，而修菜必须委身于烂菜中方可完成。你想象一下，狭小的库房，每天成吨的烂菜围绕着你，不光气味难闻，心绪也因整天目睹"腐烂"而坏到了极点。

和我一同担任这项工作的是位六十岁左右的老大爷，我不知道他的具体名字，大家都叫他老许，老许无儿无女，属于临时工。白天和我一样卸货、倒垃圾，夜晚负责值班、看门，几乎一天二十四小时都在菜站工作，拿的薪水只有正式职工的一半。整个菜站三十多名职工中，只有老许对我最好，从不歧视我，见我不习惯修菜便独自承担了修菜的任务，而把较好的"工种"——倒垃圾留给了我，但就是这样一个好人，在一个大雪纷飞的傍晚被区站经理赶走了。原因和我一样，没有顺着领导的话说而是毫不拐弯抹角地说出了领导不愿听的真相。

老许成了我那段岁月最深刻的记忆，我那时才如梦方醒：人和人其实是不平等的。一个人经过若干年辛苦奋斗到达的顶点，可能是另外一个人理所当然的起点（1994年，我曾在北京青年报发表了一篇题目为"老许同志"的文章怀念老许）。

按照与用人单位所签的协议，我原本是要在菜站这个基层干满两年的。一个偶然的机会让我提前结束了这次"锻炼"。

一九九一年十二月初，石景山区人事局召开新来的大学生代表座谈会，我作为"企业"界代表参加了这次座谈。由于在中学、大学时担任过学生会主要负责人，所以对于开会发言自然胸有成竹。大概是因为我的发言条理清晰、有理有据，再加上我身处"卖菜"这个特殊的工作岗位，我在会后被石景山区人事局局长李敬单独留下来座谈。在了解了我大学时的学习成绩、学生干部的经历及擅长写作的特长（我在大学时就在各类报刊上发表过大约三十多篇文章）后，李敬局长只问了我一句："你想不想换一下工作？"

"想！"我不假思索的回答道。我当时想，再换一个工作总不至于比卖菜更差吧。

好事就这样从天而降，半个月后我被调到石景山区人事局工作，李敬局长爱才心切，视我为"人才"，将我留在自己身边工作。

说良心话，从见面到我调入人事局再到两年后调离石景山，我都没请这位廉洁公正、令人尊敬的政府公务员吃过一顿饭，哪怕是抽过一支烟（2007年冬，在时隔16年后，我请已经退休的李敬局长和即将退休的李秀文科长在石景山原先我卖过菜的地方吃了一顿饭，以表达我对他们无比的尊敬和感激）。

我在菜站工作的经历可以得出如下启示：

一、**人生好比打仗，也要讲究战略战术**。于我而言，大学毕业一定要争取到北京工作，这是战略问题；具体的工作单位选择是战术问题。战略问题是方向性、全局性的问题，战术性的问题是局部性的、细节性的问题。这一仗，战略上我赢了，战术上我输了。

二、**身处一个不利的环境时，一定要"志当存高远"，在努力中寻找机会，千万不要"同流合污"或被环境同化，除非你愿意在此扎根**。

三、**人生不能处处公平，但总体而言是公平的**。恶劣的环境对许多人来说可能会永远成为重压并不能转化为财富，只有孜孜不倦努力，并不断反思才有可能把恶劣环境转化为财富。

我在人事局只工作了半年，我实在难以忍受机关的清闲和日复一日的程序化工作。我后来申请到石景山区一家电器公司工作，担任总经理助理。在那里工作了一年多。先从车间焊接工开始干起，一步步接触管理、销售、策划等工作。这家公司的业务和前景其实都不错，但有一点令很多员工不舒服：这是一家典型的夫妻店，丈夫担任总经理，妻子担任副总经理。总经理的弟弟和妹妹、副总经理的弟弟和弟媳都在这个50多人的公司担任要职，总经理很有战略眼光，人也很厚道，副总经理精明能干，但他（她）们的那些弟弟妹妹们经常像防贼似的防着员工，让人极不舒服。几经犹豫之后，我离开了这家公司。当时正逢北京青年报招聘，我参加了应聘考试，竟然被录取了，时间是1993年秋冬。

进入北京青年报也颇具戏剧性，当年报社招聘的人数不到20人，报名应聘的人数大约1000多人。初试过后仍有100多人参加复试。复试过后进入实习环节，由应试者选择实习部门。报名当天，我没有急于去部门登记，而是花了半天时间观察。我发现绝大多数人都选择青年周末、新闻周刊等热门部门。几经分析后，我的"战略"眼光再次发挥作用，我决定"避实击虚"，选择大部分应试者都不太看好的青年部。当时的青年部刚刚成立，急需要人，而其他热门部门吸收新人的数量则极为有限。

后来的事实证明了我的判断：当年调进北青报的十几人中，进入青年部的比例占报名实习人数的40%，而进入热门部门的比例为10%左右。

在军事上攻城时，正面突破往往阻力最大，这时候优秀的指挥员会选择正面佯攻的同时选择敌人火力薄弱的方向攻击。人生的选择其实也是一样：在很难一步到位的情况下可以"曲线救国"或分阶段实现目标。

从1993年下半年开始，在经过大学毕业两年的徘徊后，我终于选定了我的职业取向——新闻记者。以后十几年中我虽分别涉足过杂志、广告设计、企业公关、电视拍摄、文化演出、出版等领域，但基本上没超出文化领域的范畴。这中间唯一的一次例外是2000年左右，我作为股东投资过一家小型制药厂。投资一年半后，我觉得我对制药行业实在一窍不通而断然撤回了投资。好在损失并不大（这家小型制药厂在运行四年后终于倒闭）。

我的体会是：进入职场后，要允许自己有几次跳槽的经历，以便从中比较、判断、选择，一旦职业方向确定后，轻易不要再更换领域，否则你前期工作的经验和积累在新工作领域面前，其优势将荡然无存，这对自己的人生将是一笔不小的损失。

以上是我的求职经历，我想谈一下我的三次创业。

我人生的第一次创业我认为是在我卖菜期间开始的。

那时候心里很苦。白天卖菜，夜晚除了看书实在无事可做，我当时又不愿"和群众打成一片"，诸如串门聊天、打牌下棋之类的事情。看书累了我就去地铁卖报纸。

我可能是北京地铁卖报纸的首批人员之一。当时主要卖的是《北京晚报》，偶尔也卖一下《北京青年报》。卖一份报纸大概能挣5分钱。通常的情况是：我下班后骑车去批发报纸，然后就在一线地铁里来回穿梭。两个小时下来能卖100多份，净赚5元多。那时候我的工资是一个月150元左右，每天也合5元左右。也就是说，我每天若加班两个小时就相当于我八小时所挣的钱。这么一算，我大为兴奋。随后我尽量忍着饥饿延长加班时间，以期获得双倍的日工资。

但很快，我就发现结果并不像我想象的那么美好。开始我卖报的时间一般从下午6点开始一直持续到晚上8点左右，但当我把卖报时间延长到晚上10点以后，我发现我的日收入并不是我希望的10元钱而是7元多。因为晚8点以后地铁里的人流明显减少。更为不妙的是：我很快有了众多的竞争者。中国人虽然缺少发明，但却很擅长模仿。我"发明"了地铁流动售报后两个月，马上就有人跟进了。

严酷的销售现实迫使我必须另思良策，但卖报这种纯个体手工劳动根本无法扩大再生产，唯一可能的"产生升级"是搞批发，但我几经努力还是失败了。

卖报纸的生涯随着我卖菜生涯的结束而结束了，调到人事局后我成了一名公务员。那时候我住在石景山区八角北里的一栋公寓里，三居室的房间住着七名新分配到石景山区工作的大学生。

白天上班，夜晚仍然无事可做。那时候没有电视更没有电脑，甚至连收音机也没有，同屋的人大部分时间忙于谈恋爱、下棋、打麻将。我仍然心有不甘，彷徨中再次惦记起已经停滞半年的报纸批发业务。

我决定另辟蹊径，选择了一份名字叫《招工招聘报》的新报纸进行批发，批发的范围涵盖了整个石景山区（这家报纸的母报叫《北京教育报》，后改为《现代教育报》，整整十年后的2002年，我到这家报纸担任了副总编辑）。因为是新报纸，我的扩张经营进行的非常顺利，但也因为这个缘故，报纸的利润很薄，但一个月结算下来仍然有近300元的利润，批发的优势一目了然。受报纸销售业绩的鼓舞，我开始了饮料批发。当时我联系批发的产品叫"唯思可达"，这是一种新型的野酸枣饮料，产地就是我的故乡山西省沁源县的邻县沁县。

我的饮料批发事业进行得不太顺利，当时这种饮料虽然口感很好，但在北京却没有什么知名度，也没有什么推广手段，完全靠个人挨门挨户推销。最主要的问题是回款期长达半年，不像报纸那样每期结算。对于我这种刚刚起步缺少资金的创业者来说显然承担不起。

我的饮料批发事业只进行了半年便中止了，这一方面是因为它占用资金时间太长，另外也是因为我此时又瞄上了一个新的业务——承包录像厅。

一次偶然去石景山图书馆借书的机会，我得知那里的录像厅只在周一至周五上班时间开放，周六、周日关闭，于是我灵机一动提出承包录像厅，按月结算。

承包录像厅的经营非常成功，一个月下来利润高达2000多元，是我当年工资的10倍。我乘胜追击，接着承包了石景山区苹果园地区的一家经营不善的录像厅。利润接连翻番，一个人忙不过来，还雇了两名大学生帮忙。

我的承包生涯进行了不到一年便提前结束了。

越来越高的利润让那些当权者的亲朋好友眼馋，我被迫与人合作经营进而完全退出。我自己，对再继续经营下去也缺乏兴趣。这项"事业"除了日益渐丰的钱包外还给我的精神增添了一种说不出的"沉重"。那时候，我经常放一些《江湖情》《英雄好汉》之类的港台片，曾经有一次，我放了一部经典片《罗马假日》，结果平时能坐100多人的录像厅只来了十几人。录像厅当时的主要消费者是民工，一旦选的片子高雅，观众人数就急剧下降，这让我心里非常难过。如果再继续下去，我必须在审美趣味上"和群众打成一片"。我那时候充满了理想主义，总想把金钱收入和精神享受结合起来。事实上这是一件很难统一的事情。

所有的经营活动在我去北京青年报之前便结束了。这是我的第一次创业，经过一年半的创业，我的手头积攒了大约2万元资金，这是我当时年工资的10倍，我第一次逼真地感受到了创业的酸甜苦辣。

在等待北京青年报实习通知的几个月里，我还完成了另外一桩"生意"。

我的大学同学毕业后在华北水电学院任教。有一次，我周末到他那里聊天，看见他的书架上有一本书叫《中国高校大全》，书很厚，大约120万字，定价90多元，书中详细介绍了中国300多所大学的情况。

我几乎是在10分钟内便发现了"商机"。

我想起我和我的同龄人在报考大学时是多么想了解一下各个高校的情况。

当年的我们不可能像今天的同学那样鼠标轻轻一点，任何想了解的知识都会扑面而来。当时若想了解情况只有向老师打听，问题是很多老师自己也不清楚各个大学的情况，市、县图书馆里根本没有这种书籍。实地考察对于我这种月生活费只有十几元的学生来说更是不可能的事。

这样的书肯定有很多人想看，但肯定绝大部分学生都买不起。我看了一下印数，只有2000册。也就是说，这种书在全国各地的中学几乎很难看到，即便有，也不会太多，不光一般的学生看不到，大部分老师也看不到。

产品有了，市场需求也有，而且很强。关键的问题是价格。根据我做学生时的经验，如果这本书的价格能降至10元一本，那么至少有百分之二十的人有购买欲望和购买能力，全国每年有上千万学生报名参加高考，百分之二十该有多大的量啊！

兴奋归兴奋，我还没有愚蠢到忘乎所以的地步。我知道我不可能去全国销售，我只可能在北京销售。北京当时每年报考大学的人数大约有10万人，百分之二十就是2万人，这一数字让我无比兴奋。当时，按我的规划，我把这本书缩编到只有20万字，大约介绍200个左右的大学，每个学校有1000字足以说清楚了。考生们想了解的无非就是学校的规模有多大、教授有多少、有哪些名牌专业、校园环境等等，200个大学也足够学生选择了。按照这个设想，一本书的印刷费大约1元钱，我需要投入2万元的成本（这是我当时的全部积蓄），但如果书能顺利售出我能有近20万的收入，这在当时无论如何是笔不小的财富，那些日子里，我沉浸在财富的梦想中，仿佛自己马上就变成了百万富翁。

由于很想一鸣惊人，很渴望一夜致富，所以这件事情一直是秘密进行着，没有和任何朋友、同事提起过。在临近印刷的前几天，我辗转反侧，最后还是把印刷的数量定在了6000本，虽然有些泄气（离20万的收入差距有点大），但风险也变小了。我想我用自己收入的三分之一进行风险投资，即便输了也不至于伤筋动骨。事后看来这是对的。

书印出来了，销售成了问题。由于自己没有任何出版经验，所以这本书很难进入主流的图书市场销售。我曾和我的同学去几所中学门口进行销售，但半天下来只能售出几本，销售速度实在太慢。

销售的转机发生在1993年的夏天，从一名高三学生口中得知当年的六月要在劳动人民文化宫举办一次北京市高考咨询，至少有上万名学生参加。

时机来了，我当天带了三名同学直奔咨询会场，一人以一家大学的咨询点为基地，其他人分头游动售书。果然不出所料，我们的书大受学生欢迎，两个小时不到就销售了两千多册，我们几个人每个裤兜里都装满了钱。但很快就有巡视人员开始阻止我们售书。无奈之下，我们只能撤退。

不过这一次收获颇丰，不到三个小时，我们共卖出了两千五百多本书。

这次销售过后，这批书就在我的宿舍堆着，直到这年秋天，全国有八十多位中学校长在清华附中开会，我得知消息后上门推销，又卖掉六百多本。其余的就变成了库存，或赠人或遗弃，两次搬家后就都没影了。后来一盘点，除去成本外，差不多赚了三万多，用这笔钱我买了一台电视、一台录像机和一台汉显寻呼机。

总结这次编书的经历，我意识到我虽然有很强的市场敏锐度，却对产品的销售缺乏整体考虑，尤其是在根本不懂出版销售的情况下仓促行事。否则，这档生意收益会更多。

我的第二次创业发生在1996年，此时的我已经有几十多万的原始积累，这其中的大部分资金是《北京青年报》给我的奖金。

1995年，《北京青年报》出现了历史性的腾飞，一年当中接连推出了《电脑时代》《汽车时代》和《广厦时代》三个产业新闻专版，开创了全国报业的先河，这三个专版迎合了都市人当时的电脑热、汽车热和购房热，因而，一经推出便产生了巨大的影响，报社的广告收入很快由之前的几千万跨越到上亿。报社广告收入最鼎盛的时期，仅《广厦时代》所带来的房地产广告就已过亿。

《广厦时代》是我当年亲手创办的，整个创意用了一个月时间，组建编辑部用了一个月时间，而运作广告赞助却花了整整三个月时间。当时报社的政策是：大胆创意、小心求证、费用自筹。《广厦时代》专版的创意提出来后很快得到了报社的支持。我开始了艰苦的运作广告的过程。最早我想到的合作伙伴是北京利达行，这是一家当时北京知名度最高的房地产中介公司，但对方收到我的创意书后只说了声"谢谢"便没了下文。后来我才得知，这家公司当时正深陷北京玫瑰园别墅项目而不能自拔。

经过几个月的奔波，第一笔广告赞助560万元终于落实了。《广厦时代》开始了它的行程，直到今天，它仍是北京青年报最重要的产业广告收入。我自己也由此获得几十万的奖金并开始了自己的第二次创业。

　　这里我想说明一点的是，我的第一次创业和第二次创业都是在体制外进行的。迄今，我从没有和我所任职的任何单位或部门做过一分钱的生意。这是个原则问题。我《北京青年报》的同事，当年创办《电脑时代》和《汽车时代》的两位记者就是因为在体制内"创业"而先后在2005年和2006年被捕入狱，这是两位报界很优秀的记者和策划人，他们的"出事"让我至今都很难过，凭他们的才智完全应该有更高的收入，但在并不完美的传统体制面前，所有的人都必须正视它的原则和恪守自己的底线。

　　我的第二次创业仍然有些杂乱，先是接下了160信息咨询台，接着办了一本杂志，再后来又开办了房地产租赁业务并筹办了一次中型的房展会。这几个项目都是和人合伙开办的。后来我自己又独自经营了一家饭店（位于今天的天通苑北侧立汤公路边），因为稀缺，所以饭店的效益一直不错，饭店于1996年底开张直到2000年初面临拆迁才关张。

　　第二次创业给我留下的最深刻教训，一是战线铺的过长，没有把其中一项业务做精做大；二是合伙人选择失误。我的合伙人姓胡，湖北人，毕业于北京理工大学，在我们合作一年半之后的某一天，他突然携款潜逃，他不仅带走了属于我的十几万，还带走了公司几个月的营业收入，同时还欠着物业公司的房租。我当时对他无比信任，财会人员也是经他之手物色的。他在潜逃之前一个月曾背着我悄悄到工商局更改了法人，而我对这一切却浑然不知。至今，我仍然不知这个人的去向。

　　第二次创业的失败让我备受打击，我开始对自己的识人眼光产生了怀疑，之后很长时间我专著于报社的工作，没有再轻言创业。

　　1998年，我在北青报和段钢一起创办了家电时代。创办家电时代和创办广厦时代相比已经很轻松，只需要一个整体创意就可以了，广告招商由广告部门解决。

　　创办"家电时代"给我最大的益处是：我得以采访和认识了一批著名的企业管理者，如长虹的倪润峰、春兰的陶建兴、海信的周厚健、TCL的李东生等。这为我近距离观察和思考企业的发展提供了很大的便利。

2000年，我作为演出中介曾在北京和外地组织过数十场演出。这次演出季结束后，我放弃了这类活动。它使我认识到：核心业务和核心竞争力对于一个企业来说是如何的重要。作为演出公司，我既没有自己的演出队伍，也没有自己的演出场所，单凭演出策划很难持久发展。

2002年8月，我开始了第三次创业，成立了自己独立的公司，并把运作一份报纸周刊作为自己的核心业务。一开始，业务进行得非常顺利。仅几个月，广告合同就签订了500多万，按当时的预期，一年的广告合同应达到1500多万，除去400多万的运行成本，应该有1000多万的盈余。但非常不幸的是，当时我遇到了"非典"。"非典"对于实业来说，影响并不大，但对于依靠广告生存的企业来说影响非常大。"非典"袭来，企业正常的广告发布大都延缓或取消，因为这属于"不可抗力"，所以也无法打官司。原定的500多万合同后来只执行了80多万，新订合同则困难重重。更要命的是刚开业时就承诺为我融资200万的一家著名的房地产企业老总一看形势不好便取消了投资，这对于我来说更是雪上加霜。

2003年秋天，在我的记忆中是一个灰色的秋天，我的公司仍然在艰难地运行着。此时的我，不仅将自己十多年的积蓄全部花完，而且还欠着100多万的外债（这笔钱直到2005年年底才全部还清），2004年元旦的时候，我身上只有50元人民币，之前有两个月，工资的发放时间被迫推迟一周多。那段时间是我创业以来最狼狈的一段岁月，我几乎夜夜失眠。

好在，由于不懈的坚持和良好的信誉，公司逐渐确定了自己的核心业务，即以文化产品为核心业务。从广告出发，逐渐发展到为企业的系列文化产品服务，依次涉足设计、策划、编辑、影视、培训、发布、公关、租赁等产品类型，并在合作中培育了大批忠实客户。直到今天，公司的业务和利润仍稳健发展，呈现出良好的势头。

第三次创业给我的经验和教训：一是对企业的风险一定要有足够的估计并在投资前做好应对方案；二是建立核心业务和管理骨干非常重要；三是遇到困难和挫折一定要坚持，坚持就会有机会、坚持就会有积累（非典期间像我这样的服务类企业有很多倒闭）。

关于我的故事就讲这么多。我想，我的故事并非经典，我的企业也并非知名企业。但是，像我这样既无原始创业资金，又无明显技术优势，既非出身于名门，又非毕业于名校的人来说，完全靠自己打拼闯荡的经历正是未来大部分创业者可能需要参照的。

中国有几万个亿万富翁，但是能清清楚楚说明财富来历的人并不多。倒是那些千千万万个服务于各行各业的中小型企业、那些经历十几年创业积累而成的百万富翁、千万富翁是我们的读者需要用心观察、用心学习、用心模仿的。因为，他（她）们的路途离我们最近。

再说一下我的写作。

2000年，为了配合演出，我曾编了一本书，名字叫《高雅艺术向我们走来》。更早一点，就是1992年编的那本关于高校情况介绍的书，书名我现在都记不清了。

2001年，应书商之约，我花了两个月时间写成了一本书，名字叫《东山再起史玉柱》，这本书好像卖的还不错，但书商刘某至今还欠着我一万元的稿费。当时他声明有钱了就还我。只是八年多过去了，他依旧没有还钱。不过，对于他，我依旧心存感激。正是他，启动了我关于写作的梦想。

2008年年底，我完成了《国运》一书的写作。至今，我的笔记本上已列了几十本书的写作计划。我准备花十几年时间将它们一一实现。写作显然不是创业，于我而言，只是一种生活状态而已。

不过，我很喜欢这种状态。

第十三章 互联网：
人人手中的双刃剑

二十一世纪是一个互联网的世纪，而互联网的世界绝不是一个虚拟的世界。

第十三章 互联网：人人手中的双刃剑

我们几乎肯定，二十一世纪的上半叶毫无疑问是互联网的时代。互联网的出现对人类信息传播、信息沟通、信息搜索甚至对人类的民主进程都有很大的推动作用。但是互联网光鲜的背后有着人类难以估计的忧虑：隐私肆虐、网瘾加剧、网络病毒、网络诈骗……人类在享受互联网好处的同时不得不为它带来的灾难买单……

2009年，全国'两会'召开前夕，国务院总理温家宝于2月28日下午3时来到中国政府网访谈室，与网友在线交流，并接受中国政府网和新华网的联合专访。据悉，这是中国政府总理首次与网友进行网上实时交流。在两个小时的在线交流中，网友们提出了29个热点问题，发表了30万个帖子及数万条手机短信。这一天，网络成为温总理了解民意的最便捷和最直接的通道。

温总理诚恳地说："想和网友交流是我期盼已久的，我觉得这种交流能使我看到网友的意见和要求，网友也知道政府的政策。一个为民的政府应该是联系群众的政府，与群众联系的方式可以多种多样，利用现代网络与群众进行交流是一种很好的方式。还是这句话，我愿意把这样的在线交流继续进行下去，特别是在当前经济处于困难的时期。"

就在不到一年以前，中国互联网络信息中心（CNNIC）在2008年

7月24日发布的《第22次中国互联网络发展状况统计报告》显示，截至2008年6月底，中国网民数量已达到了2.53亿，首次大幅度超过美国，跃居世界第一位。

无论是总理网上体察民情，还是中国网民人数飙升，都昭示了一个事实：互联网已成为中国人生活中重要的一部分，它正在逐渐改变着人们的工作、学习、生活、甚至思考的方式。大学生是网络使用最集中的人群之一，他们既是网络的生产者和发布者，又是网络信息的接受者和享用者。互联网对他们所产生的影响，更是互联网对中国人影响最有代表性的缩影。

无所不在的宝库与平台

"刚入学的时候，学校建议大一新生不要自备电脑。包括我在内的好多同学都乖乖地遵守了学校的规定。可一开学，才发现没有电脑的日子多么不方便，有些测验要在网上做，有些作业要在网上提交，写论文要上网搜索大量资料，就连闲暇的时候，如果不用QQ、MSN或者校内网，不从网上荡部电影来看，也觉得索然无味。我们的生活根本离不开电脑。不到一个学期，大部分没有携带电脑的同学，都配备了新电脑。"这是某名牌大学学生的真实心声。

当今的大学生，正生活在日益网络化、数字化的环境中，像这位女大学生所说"没有网络寸步难行"的情况，绝非夸张。

互联网具有信息量大、传播速度快、交流互动性强、影响范围广等显著特点，几乎是一个无穷尽的文化信息源。如何应用好这个无尽的大宝库，是横在年青一代网民面前的一个值得深思的问题。

崭新而广阔的学习空间
互联网开拓了一个崭新的、广阔无比的学习空间，在这个空间中，凡对知识有所渴求的人都有学习的权利和机会。在互联网构造的信息技术背景下，大学生们的获知方式（即学习）也产生了巨大的变化。

因特网的全球性打破了国际与地域的限制，大学生除了课堂教学之外，还可以借助互联网根据自己的不同兴趣和实际情况选择在何时何地学习。比如身在成都的小刘，如果对北京新东方某知名老师仰慕已久，但又不愿千里迢迢劳民伤财地赶来北京求学，只需购买该老师的网络课堂软件或光碟即可如愿在屏幕中聆听该老师风趣幽默的讲解。网络教育弥补了许多遗憾，节约了许多成本，使"得天下英才而教之"和"得天下贤师而从之"的梦想都成为可能。

在传统的信息时代，书本、报纸、杂志、电视等传统媒体传递和记录各种资料和信息，当读者需要查阅时，往往耗时耗力，而且可能自己要找的资料恰被其他读者借走，带来更多困难，而书籍到期之时，即使没看完也只能匆匆归还，煞是不舍。国学大师钱钟书考入清华后的第一个愿望是 "横扫清华图书馆"。他终日泡在馆内博览中西新旧书籍，遇到爱不释手的便飞快地抄下来，仿佛在同时间赛跑。钱钟书大师倘生活在今日，遇到心爱的书籍，只需气定神闲地在电脑前搜索该书的电子版，点击下载，用不了多久，书便被永久保存在某硬盘中，想阅读时，只需打开电脑对着屏幕一页页浏览即可，省却挥汗如雨、腰酸背痛的抄书之苦，岂不快哉！

玩笑归玩笑，在如今的网络时代，互联网中拥有上千亿个网页，向人们提供了海量的信息，人们可以在互联网中搜索任何自己需要的资料。网络资源的共享性和电脑自动检索的速度性与全面性，是人工检索无法比拟的。学生们可以在图书馆的数据库里阅读到最高端的学术论文，可以在小说阅读的网站酣畅淋漓地读遍总是借不到手的长篇小说，可以在第一时间了解自己感兴趣事件的详细经过和前因后果，可以将自己酷爱的电影下载下来精心收藏。总之，丰富的资源和强大的检索功能让进入互联网这座巨大文化信息宝库的学生们比阿里巴巴发现四十大盗的宝库更为欣喜，毕竟物质的财富可能会消散，精神的财富是谁也偷不走的、最有价值的东西。

除了获知内容和方式的变化之外，网络的发展也使大学生获知的观念发生了变化。借助电脑作为辅助学习手段的大学生，往往更倾向于从被动接受教育的灌输和安排，转为主动地上网查阅资料来获取自己所想要的知识。借助好的学习网站，有心的同学可以成功地通过人生中关键性的考试，甚至通过网上的学习和交流做出某些人生道路上关键性的转变。比如对准备飞跃重洋的大学生们来说，寄托天下、太傻论坛、托福机经网等几个网站几乎是人人必去"结交"的"良师益友"，上面丰富的学习资源和好心人对学习方法的传授让奋战托福、GRE的学生如获至宝。这些论坛上数不尽的感谢帖子便可作为利用互联网促进学习的明证。

不过网络毕竟不是唯一的学习工具，除了互联网，图书馆、实验室等地也是学习资源的重要获取地。无论采用何种先进的学习工具，无论拥有怎样丰富的资源，自己必须经过努力，消化、理解并学会熟练运用，你才真正成为这些工具和资源的主人，而非奴仆。

优秀的社交平台

互联网不仅是巨大的知识宝库，更是优秀的社交平台。Facebook、校内网这样的社交网站，天涯社区、西祠胡同、百度贴吧，以及诸如北大未名、水木清华这样的知名论坛，即时聊天工具OICQ、MSN等等无一不为大学生提供了良好的社交平台。只要你想，就可以结交到很多自己平日生活圈子以外的人。这一方面，女大学生小程深有体会。小程以其甜美的长相、高调的风格成为某知名大学生社交网站上长年的人气之星，点击她页面、给她留言的学生不可胜数，于是小程的交往圈子不断扩大，人脉越来越广。

《第一次亲密接触》曾作为网恋故事的经典而广为流传，现实中的网络交友也许远不如小说中美好，甚至可能存在某些危险性。但在网络这个平台下，的确有可能结识一些志同道合的朋友甚至知己。在人脉的作用日益重要的今天，在理智判断、安全交往的前提下，大学生利用网络社交平台来收获友情、积攒人脉，也未尝不是明智之举。

在网络论坛发布言论除了可以结交新朋友外，还可以满足部分网民自我实现的需求。马斯洛需求理论中，当人的基本需要满足之后，还有更高层级的需要，即自我实现的需要。网络能够利用虚拟的环境，在很大程度上变相实现并满足不少学生的成就感、虚荣心或者其他刺激欲。比如在网络普及之前，人们要想让自己的言论被别人看见，就要争取发表作品，要往各个出版社、报社、杂志社投稿，作品通过重重审核和挑选才可能重见天日。而现在网络上各种文学论坛、交友社区、观点讨论区之类的地方可以在不违背国家法律的条件下发表任何人的任何想法。民间从深藏不露的写作高手，到水平一般的写手，再到本不登大雅之堂的写徒，都能在某个适合自己的网络环境中谋得一席之地，这种情况，也大大满足了年轻人的某种社交需要和自我需求。

新型的创业手段

利用互联网创业成为百万、千万甚至亿万富翁的例子比比皆是。

运用科学技术改变命运者有之，比如百度公司创始人、CEO李彦宏，19岁背上行囊离开山西阳泉到梦想中的北大读书，23岁远渡重洋赴美国布法罗纽约州立大学主攻计算机，31岁创建中国最大的搜索引擎公司——百度网络技术有限公司，33岁时百度在美国纳斯达克成功上市，成为全球资本市场最受关注的上市公司之一。李彦宏一路与计算机结缘：北大的信息管理专业让他深谙搜索内涵，美国的计算机学业让他掌握计算机工具，而互联网让他发现：原来还有个世界如此美妙。对技术的熟稔、对商机的把握和对网络的痴迷将李彦宏推向了成功之路。

如果说李彦宏的成功更多是依靠技术逐步打拼得来的，那么下面这位"80后"的IT界亿万富翁则向我们展示了即使本身对信息技术并不了解，也同样可以抓住机遇，在IT界大有可为。

MySee前总裁高燃，这个1981年出生的湖南小伙子在1998年中专毕业后，执意报考清华大学新闻系，后果然如愿以偿。大学毕业后在《经济观察报》做了半年财经记者，还被报社评为当年最佳新记者。2003年，对财经、IT一窍不通的高燃经过8个月的记者生涯，凭着积累起来的人脉关系进入IT界创业。他曾试图在电梯里堵住自己心中的网络英雄、雅虎创始人杨致远，将自己的商业计划书递给他，希望寻求合作，但计划遭挫。在重新对自己的计划进行修改之后，他再次寻找机会，和自己的朋友、远东集团的蒋锡培合作。2005年2月，高燃遇到了当年的清华同学邓迪，两个人合并了公司，创立MySee.com；12个月后融进了1000万美元的风险投资，2006年11月高燃辞去MySee总裁职位。业内人士预见，高燃将是最成功的80后之一，他的P2P商业模式，被认为将来市盈率可能超过Google。

高燃的成功除了自己的勤奋努力、目标明确、善于与人交往外，更借助了互联网平台所提供的契机。只有互联网，才存在零成本创业的可能。用一根网线、一台电脑、一个人即可构成创业的基础，做出产品后推广和营销的成本也几乎为零。这样，资本原始积累进行得相当快，而这正是任何传统企业模式所不可想象的。而且网络提供给人的巨大、快捷的沟通平台使人足不出户，也可以"读万卷书，行万里路"。

看到硬币的那一面

西方民谚说："每一枚硬币都有两面"，互联网亦是如此。合理使用互联网，它可以成为无穷无尽的宝库；不懂合理上网，它便能变成耗人的工具，甚至害人的恶魔。

大学生上网心理面面观

辽东学院心理学教授肖征曾对该校1500名大学生进行问卷调查,从中了解到大学生上网的心理大抵有以下几方面:

需求心理。当代大学生有各种各样的需求,如求知的需求、情感表达的需求、性心理表露的需求以及自我实现的需求等。美国心理学家弗洛姆指出"一个人生理上和生物上的需求得到满足,但是他们仍不满意,他自己仍然不安定。因为缺少了一种能使他变得主动的蓬勃生机。"因此,大学生追求新鲜感的心理几乎是由人不断求新的本性决定的。互联网能够满足大学生积极探索外部世界的心理需求。

好奇心理。大学生处于精力旺盛、求知欲和好奇心很强的阶段,而网络具有传播信息快、内容新、覆盖面广等特点,大学生们领略到传统信息传输方式难以实现的境界,极大地刺激了他们的好奇心,引起他们特别的关心和兴趣,激发他们学习和掌握网络知识和应用技能的欲望,正是这种求新好奇的心理促使他们迅速进入网络世界,同时网络环境又进一步刺激和开拓了他们求新的好奇心理,使他们在网络的海洋里尽情地遨游,涉猎着不同的信息。

从众心理。从众心理即在群体的影响和压力下,个体放弃自己的意见而采取与大多数人一致的行动,即通常所说的"随大流"。大学校园中从众现象很普遍,学生普遍认为进入大学以后没有了学习压力,缺少父母的督促,甚至中学时代管理严格的老师也变得时隐时现,因而感到十分自由,开始尽情放纵自己和追求享受。调查显示:大学低年级的学生比高年级学生上网的人数更多、频率更高,从心理学的角度分析,这部分同学进入大学以后缺少学习压力,出现暂时的目标真空、无所适从,在外界的诱惑下产生了从众心理和模仿心理。有的学生本来对网络世界不感兴趣,但经常听同学们议论上网如何有趣,不会上网则如何如何遗憾,为了和他人保持一致,也开始学习上网,盲目从众,有的甚至逐渐上瘾而不能自拔。

补偿心理。有些大学生，尤其是大学新生中有一部分学生在高中阶段是比较优秀的，因为高考失利和家庭因素使他们没有进入理想的大学。入学后本想凭借自己的优势在大学里崭露头角，胜人一筹，寻求心理平衡，但由于种种原因不能如愿，"理想自我"与"现实自我"间出现了矛盾。为了缓和矛盾，便到网上寻求心灵的慰藉，寻求心理补偿，期望在网络中找到自我，于是将宝贵的时间和精力倾注于多姿多彩的网络世界。

求助心理。如今约有80%的大学生是独生子女，他们从小学到高中一直受到家庭无微不至的关怀，独立生活能力比较差，受到的挫折也比较少，而到大学以后一个人离家在外，家庭的关心、父母的关爱已鞭长莫及，许多事情要靠自己，这样必然会遇到许多一时难以解决的问题和烦恼。有些学生碍于面子，不愿向同学和老师倾诉，转而求助网络世界。他们希望有一种心灵的寄托来缓解这种陌生感，所以当他们一旦接触到面目不清、身份不明的网上群体时，就会毫不费劲地和一些新朋友结交。曾有调查机构了解到在被调查的上网学生中有33.6%是缘于孤独无助才上网寻求寄托的。

逃避心理。进入大学以后大学生常常会感受到诸如学习上的、家庭的、社会交往的、情感上的、就业上的种种竞争压力，有的大学生迷恋网络是想逃避生活的打击，他们可能不满现状，不满现实生活，在这种作用下一旦学习、交往遇到挫折就很容易产生逃避心理，他们借上网来逃避现实所带来的恐惧、焦虑和沮丧，越是想逃避，挫折感就越强；而挫折感越强，就更加想逃避，以致恶性循环。有调查表明，因寂寞和逃避而上网的时间越长，人的孤独感和压抑感往往越强。

自卑心理。部分大学生自我意识发展不健全，对自我认识不能很好地定位，盲目地与人攀比，加上有些学生由于家庭的因素（如贫困、父母离异等）或自认为长得丑陋而存在着不同程度的自卑心理。而网络世界让这些学生意识到：代表自己的只不过是一堆数字与符号，自己在现实生活中的失意和身体缺陷都可以隐藏在自己精心设计的外衣之下，为寻求心灵的解脱往往借助网络并沉溺于虚拟的网络世界中。

宣泄心理。随着社会的发展，社会竞争的日益激烈和对人才要求的水涨船高加大了大学生的心理压力。众多数据表明：大学生的心理压力已大于就业压力。如果对心理压力不能进行有效地化解，它将导致大学生出现心理障碍。由于网络具有隐匿性、开放性、便捷性、互动性等特点，现实中部分有交往障碍的大学生便可通过网络适时地转移、倾诉和宣泄自己的不良情绪。在网上，他们可以向网友倾诉心中的不快，可以在论坛中尽情发表自己的观点和简介，或到对抗的游戏里冲杀一番……无拘束的网上冲浪已成为他们释放心理压力、松弛身心的最佳选择。

搞清了大学生上网的基本动机，也许对我们合理运用互联网，能有一定的帮助。

网络成瘾伤身体

"身体是革命的本钱"，网络成瘾、长期上网，对健康的损害远远超乎想象。

一是对身体健康的直接影响。电脑显示器是利用电子枪发射电子束来产生图像，并伴有辐射与电磁波，长期使用会伤害人们的眼睛，诱发一些眼病，如青光眼等；键盘上键位密集，键面有一定的弹力和阻力，长期击键会对手指和上肢不利；操作电脑时，身体长期坐立，操作向着高速、单一、重复的特点发展，容易导致肌肉骨骼系统的疾患，尤其对腰、颈、肩、肘、腕部等危害较大。

二是电脑微波对身体的危害。电脑的低能量的X射线和低频电磁辐射，容易引起人们中枢神经失调。英国一项办公室电磁波研究证实，电脑屏幕发出的低频辐射与磁场会导致7～19种病症，包括眼睛痒、颈背痛、短暂失去记忆、暴躁及抑郁等。对女性还易造成生殖机能及胚胎发育异常。据对武汉市200多名银行系统从事电脑操作者的调查表明，有

35%以上的女性出现痛经、经期延长等症状，少数妇女还发生早产或流产。世界卫生组织的研究指出，孕妇每周使用20小时以上电脑，其流产发生率增加80%以上，同时，还可能导致胎儿畸形。

三是增加精神和心理压力。操作电脑过程中注意力高度集中，眼、手指快速频繁运动，使生理、心理负担过重，从而产生睡眠多梦、神经衰弱、头部酸胀、机体免疫力下降，甚至会诱发一些精神方面的疾病。这种人容易丧失自信，内心时常紧张、烦躁、焦虑不安，最终导致身心疲惫。

四是导致网络综合征。长时间无节制地花费大量时间和精力在互联网上持续地聊天、浏览，会导致各种行为异常、心理障碍、人格障碍等，严重者还会发展成为网络综合征。该病症的典型表现为：情绪低落、兴趣丧失、睡眠障碍、生物钟紊乱、食欲下降和体重减轻、精力不足、精神运动性迟缓和激动、自我评价降低、思维迟缓、不愿意参加社会活动、很少关心他人、饮酒和滥用药物等。

笔者的一位学生朋友在上大学后一度每天长时间、频繁使用电脑，后来发现自己那段时间里皮肤变得粗糙暗淡、眼球酸疼、记忆力减弱、体力下降，情绪也更加敏感善变。与好友交流，大家都反应用电脑时间过长会产生种种类似的症状。于是决定科学上网，多做运动，少坐在电脑前。

没有什么比身体的健康更重要，如果人生是一场精彩的传奇，那么传奇的主角如果过早地失去了健康、甚至生命，这场传奇便注定要成为悲剧。

除过对身体的毁害，网络成瘾还容易使大学生荒废学业。成日里惦记着上网打游戏、聊天、在虚拟的空间获得快感的学生是不会花太多时间在学习上的。全国某名牌大学每年都有1%～2%左右的学生因为成绩太低、挂科太多或考试作弊而拿不到学位证，而沉迷网络游戏、无心学习几乎是造成所有这些学生学业悲剧的根源。也许这些学生是极端的例子，即便能正常毕业的大学生，还是有不少将宝贵的青春时光浪费在无谓的灌水、漫无目的地在网上闲逛、打游戏、聊天等活动之中，要知道，人生中真正能集中精力读书学习的时光并不长，一寸光阴一寸金，时光流走后，绝不可能重来。如果后来回忆自己的象牙塔生活，没有读过多少经典著作、没有足够多的思想沉淀、没有学到多少日后会受用无尽的东西、没有多少现实生活中用真心去结交的朋友、没有参与过多少有意义的活动，而只是把大量的时间献给了互联网，会不会觉得很遗憾呢？

"临近毕业，我真想再好好在图书馆里泡一泡；真想沿着那条最喜欢的小路静静地散散步；真想找一个安静的女孩子，认真地谈场恋爱；真想去礼堂多听几场音乐会、多看一些精彩的演出；真想去重新参加一次演讲比赛……要是当初不是整天宅在宿舍看韩剧、不是每天在网上无所事事，该多好……"

这是一位大四学生在校BBS上发表的毕业感言，曾引来无数歆羡。

网恋安全惹人忧

曾几何时，《第一次的亲密接触》式的纯情故事离我们越来越远，当今时代，网恋的纯洁性越来越受到质疑。而且网络世界里鱼龙混杂，如果稍有不慎，遇上骗子或恶徒，在网上得到网友的初步信任后，才依靠网上感情作基础去争取见面、找机会单独相处，最后凶相毕露，劫财劫色，后果则不堪设想。

据《天津日报》报道，22岁的青年许某通过网上交友，先后将两名女青年强行奸污，后被天津市河东区检察院依法逮捕。2003年7月25日凌晨3时，男青年许某来到河西区某网吧，当他化名"专一男孩"网上聊天时，与化名为"芷洁"的16岁女孩孙某结识。许某上网经验丰富，且言语表达圆滑，很快骗取女孩孙某信任。当日早晨8时，许某打电话约女孩孙某见面，商量好一同去网吧里玩。途中，许某谎称手机需要充电，将女孩骗到了位于河东区的住所。其后，许某强行将孙某拽进屋内，反锁房门，用胁迫手段先后两次将她奸污，并强行让她留宿。经查，7月上旬，许某同样通过上网聊天，还结识了一位化名为"伤心女孩"的女青年，当晚与她一起就餐、蹦迪后，以仿真手枪相威胁，将她奸污。

另据中新社四川网2003年7月11日报道：日前，家住某市的20岁少女肖华（化名）从数百里外赶来蓉城赴网友之约时，遭网友强暴。家住成都市五桂桥某单位宿舍的27岁男子车猛以"少爷"为名在网上交友。6月20日在网上认识了网名叫"贪心小妹"的肖华。两人在网上聊天过程中，感情迅速升温，互相交换了各自的真名、电话及传呼。7月8日下午3点，肖华乘长途汽车来到成都。接到肖华后，车猛带着她逛街、吃饭，将肖华逗得心花怒放。傍晚6点30分，肖华被带到车猛家中。一关上门，车猛就露出了他的本来面目，先是对肖华动手动脚，还用语言威胁她，最后终于将胆战心惊、身材弱小的肖华强暴了……

如此触目惊心的例子屡见不鲜，在谴责不法分子不择手段的同时，我们也该为自己对互联网的过分信任以及安全意识的缺失做出反思。

警惕信息污染、网络暴力

孔子曰："苛政猛于虎"，倘孔子生活在今日，目睹"艳照门"、"周老虎"事件，估计要感叹："网毒猛于虎"了。

"在这新春佳节到来之际，恭喜您不在陈冠希的电脑里。"2008年农历除夕之夜，一条拜年短信在鞭炮声中流传。

2008年1月27日，一名网友于"香港讨论区"，发布一幅色情照片，被部分网民怀疑是本地艺人陈冠希与一演艺界女子的隐私照。尽管该帖在数小时后被删除，但已引起香港网民的热议，随后又有多幅"艳照"被上传至网络。

香港警方随即关注该事件，但照片仍不断在网上流散，1月30日香港警方开始寻求国际刑警的协助。2月2日首名嫌疑人落网；警方接着再拘捕3男1女，搜获逾千张艳照；2月3日另一男子被捕；2月8日艺人不雅照已扩散全球；2月10日第9名嫌犯被捕；2月13日涉案人员郭镇玮获准保释；2月15日，因其发布的照片被香港当局认定为非淫秽照片，最早被拘捕的钟亦天被当庭释放。

香港《文汇报》的街头调查显示，近四成青少年接触了艳照，其中大部分为初中生。事情呈现不以人的意志为转移的失控状态。

"艳照门事件说明，互联网已经开始挑战传统社会的道德底线。在香港这样一个法制相对比较健全的社会，依然对付不了网络这把'双刃剑'。"中国民间黑客组织"中国鹰派联盟"负责人说。

不雅照的扩散给网民的精神污染不可估量，然而这一事件，也反映出平民"网络暴力"的倾向。

据中国社会科学院新闻与传播研究所研究员王凤翔介绍，"网络暴力"现象畅行于中文互联网，最先进入公众视野发的当属2006年2月的"高跟鞋虐猫时间"，主人公虐猫的行为引起网民公愤，在网络追缉令的强大攻势下，她丢掉了工作，付出了代价。

最初，人们还为网络时代舆论力量的强大欣喜不已。随后，网上追缉令越来越频繁，所涉及的领域越来越私密，甚至涉及私人情感(如'铜须门'和'姜岩'事件)，歪曲真相造成冤假错案(如'史上最毒后妈')，网络声讨从正义的道德审判转变成对公民权的践踏。

发生在2007年底的"很黄很暴力"事件，把"网络暴力"推向极致。

2007年底，中央电视台《新闻联播》播放一条有关净化网络环境的新闻。北京13岁女孩张某某接受采访时说："上次我查资料，突然蹦出一个窗口，很黄很暴力，我赶快给关了。"

短短几秒钟的出镜，因一句"很黄很暴力"涉嫌被"教唆操纵"，各大论坛随即出现了许多帖子，有人制作了色情漫画图影射张某某；有人发起了人肉搜索令、悬赏通缉令，希望把这个孩子找出来。不久，孩子的出生年月、所在学校、平时成绩以及所获奖励、家庭电话、住址甚至精确到出生医院等暴露在网上，关于张某某的视频、图片、信息、恶搞漫画、帖子一夜之间泛滥成灾，数万网民恶搞一个未成年女孩，"很黄很暴力"顿时成为2008年最时髦的语言。张某某的父母发表网文强烈谴责这种行为。

中国传媒大学网络口碑研究所副所长杨飞指出，"网络暴力"的很多因素都可以用狂欢心理来解释。早期事件大部分出于对当事者的道德审判，发的帖子多是就事论事的评论；而现在的"网络暴力"则呈现出恶搞当事者的倾向，有了娱乐化的倾向，公然放弃维护道德正义的外衣。"很黄很暴力"事件是这一转型的分水岭。

有网友这样总结"网络暴力"：以真假难辨的事实，行道德判断之高标，聚匿名不负责之群众，曝普通人之隐私。专家指出，这种网络失范行为不利于社会和谐，应尽快着手整治。

好奇心强、血气方刚的年轻人，则很容易成为信息污染的受害者，或者在不理智的情况下，成为"网络暴力"的发起者。

"网毒猛于虎"，用之需慎重。

《世界是平的》一书作者在书中也一再强调，学会在网上冲浪是当今世界性的必备知识。

如同人类社会上任何一次伟大的科技发明，互联网的出现与普及给人类社会带来巨大的便利，然而它又是一把锋利的"双刃剑"，使用得当，剑锋才不会伤到自己。

第十四章 业余爱好与生活圈

业余爱好体现的是一个人的生活品味；而一个人的生活圈在某种意义上反映了你在这个社会的位置。

第十四章 业余爱好与生活圈

人类其实是生活在不同的圈子中，家族圈、家庭圈、同学圈、同事圈、朋友圈……而由业余爱好者组成的圈子则可能最简单、最真诚、最坦率、最轻松，抗孤独能力也最强……对于绝大多数青少年而言，业余爱好并不是可有可无而是必不可少……但那些只为了升学、急功近利，被老师和家长强行推荐的"业余爱好"却百害无益……

在竞争日益激烈的社会里，对于白领们来说，工作永远是生活中不可缺少的一部分，但工作永远不是生活的全部。工作之余如果无所适从，闲得无聊，自己便会感到生活无趣，甚至有人以酗酒、赌博来消磨时光，难免堕落，思想颓废。一天的工作疲劳，无法在轻松愉快的情绪下解除，昏昏沉沉地混日子，离亚健康也就不远了。

笔者认为，如果将生活比喻成一幅画轴，那业余爱好就是画面上必不可少的点缀，或为碎花落叶，或为草虫羽毛，有了它，画面开始灵动活泼，生活变得丰富多彩。

另一条获取知识的途径

现代社会已经步入知识社会。英国著名预测专家詹姆斯·马丁曾做过调查——在19世纪，人类知识每50年翻一番，到20世纪初每10年翻一番，到了

70年代每5年翻一番，80年代每3年翻一番。在21世纪更是以几何级数的速度增长。据有关专家预测，目前一个大学生在校学习的知识，只能满足未来需要的10%左右，而其余的要靠继续教育、自学充电、知识重组与创新来完成。社会的进步，加速了知识陈旧的过程，知识更新的速度给人们带来了继续教育和自我教育的紧迫感。

仅仅依靠课内学习，已经远远不能满足当今社会的需要，课外学习就变得紧迫又不可忽视。兴趣是最好的老师，通过自己的业余爱好获取的知识记忆更深，掌握得也更牢固，当然，也更容易做出成绩。

我国著名的数学家华罗庚自幼家贫，没有接受过完整系统的数学教育。他上完初中一年级后，因家境贫困而失学了，只好替父母站柜台，但他仍然坚持自学数学，终于因一篇论文引起清华大学数学系主任熊庆来发现，由江苏省金坛中学的事务员摇身一变，成了清华大学数学系的助理员。

在清华大学，华罗庚如鱼得水，每天都游弋在数学的海洋里，只给自己留下五六个小时的睡眠时间。他甚至养成了熄灯之后，也能看书的习惯。具体做法是，在灯下拿来一本书，看着题目思考一会儿，然后熄灯躺在床上，闭目静思，开始在头脑中做题。碰到难处，再翻身下床，打开书看一会儿。就这样，一本需要十天半个月才能看完的书，他一夜两夜就看完了。第二年，他的论文开始在国外著名的数学杂志陆续发表。清华大学破了先例，决定把只有初中学历的华罗庚提升为助教。

几年之后，华罗庚被保送到英国剑桥大学留学。对于数学的热爱，让华罗庚放弃了名誉和学位。他不愿读博士学位，只求做个访问学者。因为做访问学者可以冲破束缚，同时攻读七八门学科。他说："我到英国，是为了求学问，不是为了得学位的。"

尽管没有拿到博士学位，但在剑桥的两年内，华罗庚写了 20 篇论文。论水平，每一篇都可以拿到一个博士学位。其中一篇关于"塔内问题"的研究，他提出的理论被数学界命名为"华氏定理"。

华罗庚无疑是通过爱好走上成功之路的特例，更多的人从事业余爱好时，不过是满足于从中获取另外一种知识，不断充实自己的大脑。这样至少是与他人交谈，也可以多一些谈资，进而从别人称羡的目光中获得心理上的满足。

北京某大学的学生小郑，颇喜欢看电影，古今中外，各国电影，只要能找到，他都会一睹为快。看的电影多了，他对电影逐渐产生了自己的想法，于是每看完一部影片，都要撰写一篇影评，或褒或贬，笔锋犀利，然后发表在学校bbs的相关讨论区。时间长了，小郑写影评渐渐有了名气，他周围也渐渐聚集起了一小拨忠实的"粉丝"，专门阅读他的大作，并发起热烈的讨论。小郑写影评愈发有动力，终于引起了京城某著名都市报文化版编辑的注意。编辑在阅读过小郑的作品后，决定将小郑聘为该报的特约影评人。不仅为他发表一系列的优秀影评文章，还为他提供新上线的影片的观摩机会。就这样，小郑在还没毕业时，就已经在圈子里小有名气，名利双收，并为自己拓展了发展空间。

在特殊的历史时期，坚持一项业余爱好，竟能成为自己命运的转折点。20世纪60年代后期，中国掀起知识青年上山下乡运动高潮。数百余万知青先后离开城市，走进农村，开始自己长达十年左右的农民生活。繁重的农业劳动击碎了很多知青对未来的梦想，但仍有部分知青偷偷藏起自己心爱的书，夜深人静之际躲在被子里阅读。否极泰来，1977年恢复高考后，第一批考上大学的知青，往往是那些躲起来读书的人。并非刻意的举动，就这样改变了自己的命运，想必这些幸运儿们当初也没想到吧。

躲避压力的宁静天地

这是一个竞争激烈的社会，也是一个压力巨大的社会。每个人都想在学习工作中出人头地，这就意味着需要付出更多的努力，以及承担更多的压力。时间长了，人容易陷入亚健康状态。最新资料显示，压力能引起血液里的应激反应激素急剧突变，从而削弱机体的免疫力，变得难以抵御感染。所有疾病，包括胃灼热、气喘、疱疹、癌症，甚至连记忆力衰退都跟压力有关。连续不断的精神负担对心脏不利，甚至引发动脉梗塞。

所以，不管面前摆着什么问题，都要寻找一片能躲避压力的安静天地，而业余爱好无疑为人们提供了这样一个空间。从事业余爱好能使人放松身心，对排解精神负担行之有效。古往今来，只要是有所成就的人们，都有自己借以排遣压力的爱好。

美国历史上最伟大的总统之一富兰克林·罗斯福自小喜欢集邮，集邮在他生活中起到了无可代替的作用。1921年，时年39岁的罗斯福染上脊髓灰质炎，面临终生瘫痪的噩运。坚强的罗斯福不肯被病魔打败，他努力让自己镇定下来，让思维转移到别的什么东西上。于是，他思考历史，从中获取有用的东西；他思考政治，从中找出问题的所在；他思考经济，从中寻求发展的出路。实在想不下去了，他就拿出自己珍贵的集邮簿，在那些包罗万象、趣味无穷的邮票中，他逃脱了恐惧和空虚的折磨，慢慢恢复了心的宁静。

1945年4月，旧金山会议即将召开，联合国即将成立。罗斯福摆弄起心爱的集邮簿，心里有说不出的高兴。自从1941年底太平洋战争爆发后，一到焦虑或者高兴的时候，罗斯福总要翻看自己的集邮簿，从中得到镇静的力量。4月12日，他专门在集邮簿上为即将发行的旧金山大会纪念邮票腾出了一个显著的位置，并嘱咐秘书一旦拿到纪念邮票，马上为自己留下。不过，他没能亲眼看到这套邮票。说完这句话后不到一个小时，他就永远闭上了眼睛。当时二战已接近尾声。有人认为，罗斯福能在战争中始终保持清醒的头脑，与他集邮的爱好密不可分。

我国著名老舍先生喜欢养花，他的小院中一到夏天便满是花草，连小猫的游戏场所都挤占了。给花浇水，把花盆搬进室内以防雨雪侵袭，这些都为老舍先生提供了体力劳动的机会，让他趁机锻炼了身体，也给头脑放一会儿假。而邀请朋友前来赏花，听着别人的夸赞声，更是其乐无穷。老舍将养花的乐趣归结为"有喜有忧，有笑有泪，有花有实，有香有色，既须劳动，又长见识"，并说自己的创作灵感也有养花的功劳。

现在的"白领"阶层，几乎每天都面临着新的挑战，精神压力很大。人们往往要花二三倍的努力取得成功，这时人的精神处于一种混乱不安宁的状态。如果精神压力长时间积蓄，大脑超负荷运转，妨碍了大脑细胞对氧和营养的及时补充，使内分泌功能紊乱，交感神经系统兴奋过度，植物神经系统失调，导致脑疲劳，从而引起全身的亚健康症状。

为了对抗亚健康，也为了自己的身体，白领们逐渐喜欢上了暴走，挑战自己的心理素质和身体素质。

暴走是一种高强度又简单易行的户外运动方式，即选定一条路线，沿着路线徒步或驾车行走，时间由一日到数日不等。它并不像登山野外探险等极限运动那样需要投入较大的经济代价去购买设备，参加暴走只需要一双好鞋和一瓶水，外加足够的食物。

南昌青山湖徒步大队的创始人网名为"没问题"，刚开始队伍还不到十个人，他们采用制作旗帜的方法来吸引路人的参与，队伍越来越壮大。尽管环青山湖只有10公里，90分钟就能走完，但是每次走完这段路程，队员们总能感觉到自身体质又增强了许多。如今暴走在青山湖已形成氛围，只需在网上一发帖，"铁杆"暴走族便一呼百应。这项运动能够被大家认可的原因不仅仅在于锻炼，还可以增进友谊结交朋友，在他眼里，暴走是都市人渴求健康最好的锻炼方式。

本来失眠的队员小王，自从参加了暴走之后，第一次不靠安眠药就入睡了。以后的几次暴走结束后，回家后身上都是汗津津的，洗个温水澡，泡泡脚，看一会电视，然后倒床睡觉，远离失眠的痛苦让他欣喜若狂。他专门咨询了医生，医生解释说，在步行的过程中，足跟的每次着地，都会使下肢和脊柱受到力的刺激。腿部肌肉和骶脊肌的交替收缩，对椎间盘突出症可起到预防作用，对骶髂关节及周围韧带组织都有强化作用，尤其对预防骨质疏松症有很积极的作用。同时，暴走还能增强人的心血管机能，改善血液循环。暴走为他改善了睡眠，增强了体质，还让他结交了一帮志同道合的好朋友。

如果没有业余爱好呢？一位喜欢蹦极的白领坦言："蹦极能让我极大地宣泄自己，所有的烦恼在跳下的一刹那统统化为乌有。如果没有这项运动，我可能每天坐在电脑前紧张地制作报表，撰写报告，时间长了一定会发疯。"此话说的不错。

机遇垂青有准备的人

爱好广泛的人往往机会也多，因为相对于那些爱好少的人来说，他们做足了准备。

田欣本来在一家小公司做销售助理，收入与地位均不能满足自己的心理预期。他并没有盲目抱怨，而是想方设法地开拓销售渠道，吸纳客户资源。通过一个偶然的机会，他得知一家大公司的总经理经常去一家保龄球馆打球。巧合的是，田欣在学校时便是保龄球高手，工作之后也会偶尔抽出时间去保龄球馆散散心。为了拉拢总经理，田欣专门办了个健身卡，双休日总要到球馆去泡一天，一方面给自己过球瘾，另一方面守候总经理。

功夫不负有心人，田欣终于在球馆等到了这位总经理，并故意换到与总经理相邻的球道打球。田欣使出浑身解数，一连六个全中后，他终于引起了总经理的注意。

"小伙子，球打得不错嘛。打了几年了？"总经理笑呵呵地问。

"您好，我球龄有五年了。打得不好，让您见笑了。"田欣一边恭敬地回答，一边心里暗喜。

"我打球才两年，总也没时间练习，你打球有什么诀窍啊？"总经理又问。

田欣借机和总经理切磋起保龄球技，将自己的经验毫无保留地倾囊相授。总经理按照田欣所说的去做，命中率果真高了不少。欣喜之余，他约田欣下次一起打球，正中田欣的下怀。

一来二去，田欣和总经理成为要好的朋友。而当他亮明身份，要求和总经理的公司建立商业往来时，总经理痛快地一口答应。球场上的感情联络，已经为他们的商业合作做好了铺垫。

当其他小公司还在为找不到大客户伤脑筋时，田欣已经轻松地利用自己打保龄球的爱好结识了商业伙伴，也为自己的未来发展铺平了道路。签下一个大客户，田欣还会继续做小小的销售助理吗？

2008年下半年，一场金融风暴从美国华尔街刮起，席卷大半个世界。中国也未能幸免。大学生就业形势变得雪上加霜，难而又难。据《南方周末》报道，一位河北的女大学生由于就业压力较大，竟自沉于水坑，成了就业市场的牺牲品。笔者读到这则新闻时，为这位大学生扼腕叹息。找工作不要给自己限制得太死，否则很容易把自己逼上绝路。不一定非要强调专业对口，有时候从自己的业余爱好出发，也能找到合适的工作。在这方面，我们可以借鉴一下台湾魔术师刘谦的经历。

因为在2009年的央视春节联欢晚会上表演出神入化的魔术，刘谦在内地一炮走红。很多人认为他的手法如此精湛，成为职业魔术师是理所当然的事，其实，这位东吴大学日语系的毕业生，是在求职四处碰壁之后，才下决心以表演魔术作为自己的职业的。

刘谦从7岁起，便对魔术着了迷。他疯狂地练习各种魔术，并经常到台北百货公司的魔术专柜报到，买下一个个魔术道具。12岁时，刘谦参加一个儿童魔术大赛，并获得了一等奖，从著名魔术师大卫·科波菲尔的手里接过了奖品。但直到成年，刘谦都只是将魔术视作业余爱好，对自己的期待是成为一个"帅气的上班族"，白天上班，回到家玩玩魔术，高兴就表演一下，不高兴就不表演。这样不受拘束，也不必担心养不活自己。

大学毕业后，刘谦却在找工作时处处碰壁。他最初想进知名日资企业，结果应试时被刷，然后退而求其次想当翻译，又被拒绝，其间还遇到过诈骗集团。无奈之下，刘谦跟家里商量，自己去靠表演魔术挣钱。刘谦的父母一向很开明，一直不干涉他玩魔术，但这时也不禁担心起来。面对没有长远计划也没有信心的儿子，父母最后商量决定，让刘谦用半年时间闯荡试试。刘谦说："我真的就因为喜欢，才自己慢慢摸索慢慢练习的。其实我的手很笨，有时候为了练好一个动作，重复几千遍都不算多。"在这半年卖艺生涯里，刘谦坦言，每一次上街头都不知道会发生什么意外状况，这种心理压力甚至足以逼疯一个传统的舞台魔术师。这半年中，谋生之余，刘谦参加了一些国际赛事，拿到一些奖项，被一些国外的经纪人注意到了。在这些人的策划和帮助下，刘谦的名号才渐渐叫响。

无论如何，刘谦昔日的业余爱好如今已变成了自己的主业。日企里也许少了一个优秀的员工，魔术界却多了一位技艺精湛的魔术师，为观众带来欢乐与奇迹。如果大学生在读书之余，都能为自己培养一种兴趣爱好，毕业走投无路之际，还可以拿它来谋生，这该多好。

享受更多次生命

人的生命只有一次。如何让这宝贵的生命丰满起来，既不庸庸碌碌、一事无成，又来得及细听风吟、微品茶香？越来越多的成功人士在打拼出自己的一番事业后，功成身退，通过自己的业余爱好享受另外一种人生。

中国最大的蛋糕连锁店"好利来"的创始人罗宏，在事业蒸蒸日上的时候，将总裁的重任交给公司里一位年仅33岁的职业经理人，自己从此消失于办公室，而是扛起摄影器材，开始自己的摄影生涯。从此，企业家罗宏变成了摄影家罗宏。

在十年的职业摄影生活中，罗宏几乎将中国西部省份航拍了一个遍，又先后十次出入非洲，从空中记录了非洲大地的神秘与雄奇。作为第一个航拍非洲的中国人，罗宏的非洲作品被誉为"非洲大地的史诗"。

他的以中国的天鹅和西部风光、非洲野生动物为题材的摄影作品，自2005年下半年开始在北京地铁站内的广告牌上展出。这些摄影作品在北京市民中反响颇佳，因此变成北京地铁站里一道长期的风景。

罗宏在个人博客里写道："无论我们走到哪里，大自然总是以难以想象的方式让我陶醉在她的美丽之中，这也是我总是如此动情地热爱我们这个星球的原因之一。人类所能创造的美，不足自然所创造之万一，而人类所带来的破坏，却足以毁掉这个千亿星球中仅此一个的美丽行星。一直为自己的智慧和文明感到骄傲的人类，不知道要到什么时候，才会懂得羞愧！"

　　同样，万科地产的老总王石对于登山的痴迷，也让人叹服不已。2003年，他成功登顶珠穆朗玛峰，成为年龄最大的登珠峰者。

　　他自己说："登山之后的乐趣就是，离开都市的你会以全新的眼光去看待现代文明给你的东西。平常，我住在宾馆里，放在屋里的果盘，我一般动都不会动。进山后，一个普通的苹果也变得异常珍贵。从山上下来，我在宾馆睡觉前洗澡时，热水痛快地从花洒中流下来，想想自己在山上好几天不能洗澡，我会感叹现代文明真好！坐在马桶上，使用着漂亮而现代的洁具，我觉得太美了。在那样艰苦的环境下，人都能挺过来，回到都市，还有什么不能容忍的？有什么不能克服的困难呢？"

　　在登山过程中，王石感悟出了许多人生之道与管理之道。"在现实社会中，其实本来就没有人是绝对无所畏惧的，而真正的勇气和毅力恰恰就藏在你能够坚持的最后一秒当中，正如成败往往就取决于坚持和放弃的一念之间。"

　　而登山运动的一个特别之处，就是几个人会通过一根保护绳连在一起。"只要你跟其他人绑在一块儿呢，你就无条件地把性命交给了同伴。不管你对你同伴是喜欢还是不喜欢，爱也好，憎也好，大家生死与共。"其实在现实社会中也是如此，我们往往没有选择同事的权利，但当我们被拴在一根绳子上的时候，彼此的恩怨情仇和多元背景都应该让位于通力合作和携手共进，这就是所谓的"团队精神"。

　　他认为，站在整个人生的角度，管理企业与登山不无关系，同样需要坚韧的意志和不懈的精神，而登山，更如人生一样，虽时常不能预知结果，但只要坚持，终会成功。登山是人生的浓缩。

　　王石感慨道："登雪山令我的生活产生很大改变。登雪山随时伴着生命危险，这种状态下，每次能安全地回来，最令我怀恋的是那些艰险历程。你问我登顶的感觉怎么样？有没有一览众山小的豪迈？站在峰顶，天气好的话，没有云层遮挡，看着深不可测的山谷，心里很害怕，我只有一个想法：赶紧下山！因为，登顶只完成了登山的一半，更危险的还没有来临。若天气不好，脚下都是云，不知能不能安全下山，更要赶快下山！"

罗宏和王石毕竟只是特例。大多数人不能像他们那样赚到足够的金钱，也很难像他们那样在事业巅峰时期主动引退，去追求另一种生活。然而普通人也可以通过经营自己的业余爱好，享受不同的人生。

2009年1月，一本名为《当彩色的声音尝起来是甜的》的科普书成为热门。这本书的作者科学松鼠会，就是由一群爱好科普写作的"理工男"和"女博士"组成的小团体。他们并没有沉溺在实验室不能自拔，而是拿了理工科学位后又开始写好看的科普文字。他们爱好科学，又写得一手好文章，将原本深奥的科学道理用简单易懂幽默活泼的文字表述出来，科学的周边顿时跳跃着灵动的色彩。他们用自己的行动证明了，科学与文字是兼容的，并且可以相处融洽。对他们来说，这也是两种不同的生活。

业余爱好让我们体验不同的生活方式，如果经营得当，还可以享受超过一次的生命。这是多么美好的事情！

爱好切勿变枷锁

笔者所说的业余爱好，强调的是主观上的喜欢。如果对某个项目不感兴趣，不管它多么流行，也不要强行培养，否则可能会适得其反。

如今的孩子负担很重。除了学校布置的作业，家长们往往还要给孩子报各种兴趣班和特长班。殊不知兴趣班本就强调"兴趣"二字，若孩子没兴趣，传统的教学方式又如何培养起孩子兴趣呢？特长班强调"特长"二字，若孩子没有相关方面的才华，就算是拼命练习，也难以达到理想的高度，还容易挫伤孩子的自信心。

在京城，"小升初"的考试和中考成为考验家长的两大关。对于北京孩子来说，只要能考上一所不错的高中，就相当于踏进了重点大学的门槛。而教育资源毕竟有限，争夺优秀教育资源的学生又是千军万马挤独木桥。成绩稍差的学生的家长便会挖空心思想各种办法，保障孩子顺利进入理想的中学。特长生招生往往是他们的目标。

小飞的初中在一所重点中学度过。为了让成绩稍差的小飞上本校的高中部，小飞的父母做主，让小飞去考体育特长生。凭着良好的身体素质，小飞顺利考取了。不过还没等他一家人高兴多久，麻烦就来了。

这所学校规定体育特长生每天必须拿出一定的时间集中训练，这就意味着会耽误课时。而小飞的基础本来就稍差，落下的功课怎么追也追不上。他想不参加训练一心学习，教练板起了面孔："你是体育特长生，怎么能不参加训练呢？"无奈，小飞顶着自己不喜欢的身份一边拼命学习，一边按要求训练。回家后已经非常疲惫，还得完成当天的功课。时间长了，小飞的功课越落越多，体育训练成绩也一直上不去，通过特长考大学基本无望。在各种负面情绪的影响下，小飞得了抑郁症，他的父母只好给他办了休学手续，陪他去看心理医生。

固然，一部分孩子通过考特长之路，进入了自己理想的中学和大学，但这些佼佼者毕竟是少数。更多的孩子倒在了考特长的路上，他们本来就不适合考这种"特长"。

考试，是中国教育难以避免的话题。只要有考试存在，各种打着提高学生素质旗号的课外班就能够名正言顺地生存下去。当奥数成绩作为重点中学选拔学生的标准时，家长们一窝蜂地把孩子送去学奥数，不管孩子喜不喜欢，适不适合。当英语水平成为进入重点中学的通行证时，孩子们又被送到了各种英语班，学着和他们的年龄不相称的语法和枯燥的名词术语。

笔者一个朋友的侄女，正在京城某中学读初二。她的周末一般这样度过：周六上午两个小时的奥数课，周六下午四个小时的钢琴课。周日全天写作业，往往要写到晚上十点钟左右。好不容易放了寒暑假，家长早就给报好了课外班，或补课，或培养所谓的兴趣特长。她几乎没有属于自己的时间。这样培养出来的"特长"到底算是孩子自己的爱好呢？还是束缚孩子发展的枷锁？

爱好还是不爱好，是个问题

笔者在文中反复强调的业余爱好，应该是对自己有益的，比如集邮、航模、音乐、绘画等。而那些对自己有害的爱好，还是趁早戒掉的好。很多孩子沉溺于网络游戏不能自拔，这会吞噬自己的时间，毁掉自己的青春，严重的还可能因此陷入犯罪的深渊。

据报道，在2005～2006学年，浙江大学有90名学生退学，其中60多人是因为网络成瘾，几乎占到退学人数的80%。而在某一高分考生云集的学院，有8%的学生由于网瘾拿不到毕业证书或学位证书。浙江大学在发放录取通知书的同时寄出善意的提醒：大学第一年不要带电脑来学校。

有大学生这样描述自己陷入网络游戏不能自拔的室友："他正置身于魔兽世界之中。事实上，我对此人已经相当无语了。同住一屋三年半，亲眼目睹了其从国家集训队高手到网络瘾君子的堕落历程。如今的他，不分昼夜，睡醒了就玩，玩到撑不下去了就睡，成天端坐在电脑屏幕前，基本已经不闻世事了。父母在京陪读也有两年多，许多师长同学找其谈心，均无济于事。每当看到他父母无比失望的神情和他对父母的冷漠无情，我都常常会有揍人的冲动。"临近毕业，仍然不能控制自己，这是多么可悲的事情！

2007年被媒体报道的四川南充考生张非，先后四次参加高考，并曾两次考上北大、清华，但都因自己网络成瘾而被学校劝退。第四次高考成绩名列南充市理科第二名，充分说明他具有相当的实力。但戒不掉的网瘾害他浪费了三年的青春。即便他再度回归名校，但昔日的同窗都该毕业了，自己还是一个初入象牙塔的新生，心理上会不会不平衡呢？

网瘾严重的人甚至可以做出杀父弑母的勾当。据《南方都市报》2009年3月10日报道，四川射洪青年胡安戈以做生意为名向父母要了5万元本钱，可是他却把这笔钱用于打网络游戏，由于担心父母查账，就两次用"毒鼠强"将父母毒死。在胡安戈被一审判处死刑后，我国首部《网络成瘾诊断标准》正式将玩游戏成瘾纳入精神病诊断范畴。于是其亲属依此申请对其进行精神病及刑事责任能力鉴定。但是该标准并未成为这名"超级网虫"的免死金牌，3月8日，遂宁中院在射洪县对胡安戈执行死刑。

这是一个悲惨的家破人亡的故事。胡安戈这种人心理严重不健全，与他自己偏离了正轨的爱好，可是有着千丝万缕的联系的。

在生活这幅画卷上，业余爱好起到的作用应该是美化点缀，而不应是恶意涂改，让生活失去本来面目。生活的本质是美的，业余爱好的本质应该是善的。话又说回来，如果一个人业余爱好太广太多，也势必会牵扯过多的精力，而不利于主业的开展和疲劳的恢复。根据自己的职业特点及兴趣爱好，选择恰当的业余爱好，对身心健康大有益处。紧张而快节奏的学习工作之余，丰富多彩的业余活动调节，会给我们精神、心理及身体的平衡带来积极的影响。

第十五章 选择伙伴：
人格自由 兼容并蓄

　　求同存异，互相尊重，互不干涉内政是国家间相处的原则，其实这也是人与人之间相处的原则。

第十五章 选择伙伴：人格自由 兼容并蓄

亲情、友情、爱情是人一生中不可或缺的温暖要素。我们在和他人相处时应该把握怎样的原则？臭味相投固然可以，但求同存异也未尝不可……选择婚姻伙伴、恋爱伙伴、生意伙伴、友谊伙伴、合作伙伴都应充分尊重对方……人格自由、兼容并蓄是相处的原则之一……

如今，"朋友"成为现代人既熟悉又陌生的一个字眼。说它熟悉，是因为每个人周围都有很多可称为朋友的人，他们称兄道弟，一起出入相同的场所，拥有共同的经历与回忆。说它陌生，是因为很少有人会和周围的人分享自己的喜乐与哀愁，他们宁可把自己的情感深深埋在心底，哪怕由此产生心理疾病。这不禁让人产生疑问——朋友究竟是什么？

有人用诗一般的语言，描述了自己给朋友的定义——"朋友是站在窗前欣赏冬日飘零的雪花时，手中捧着的一杯热茶；朋友是收获季节里，陶醉在秋日私语中的那杯美酒；朋友是走在夏日大雨滂沱中时，手里撑着的一把雨伞；朋友是春日来临时，吹开心中冬日郁闷的那一缕春风；朋友是我们一生中快乐或忧伤时的希望与寄托。"

人不能孤独得像一条惆怅的河流。寂寞郁闷之时，对朋友倾诉方可解脱；愉悦高兴之时，和朋友分享才能快乐。在家靠父母，出门靠朋友。朋友有很多种，但只有那些在困难之时伸出帮助之手的，才算是真正的朋友。

我们为什么需要朋友？

人是社会中的动物，是社会关系的总和。人存在的意义不仅仅在于单独个体，还在于他与周围的人之间有着千丝万缕的联系。离开社会与朋友，一个人将难以生存下去。笛福小说中的鲁宾孙，独自在孤岛上依靠打猎与采摘水果为生，看上去似乎过得有滋有味儿。但一有机会，他还是收留了土著人星期五，并训练其说自己的语言，将其变成自己的伙伴。如果没有朋友，再坚强的人也难以长时间在孤岛上坚持下去。

有了朋友，就有了倾诉的对象。一份欢乐和朋友分享，就变成了两份欢乐；一份忧愁和朋友分担，就变成了半份忧愁。同时，由于共享心事，朋友间的信任与友谊也会更加巩固，并为自己减轻了心理负担。

大学女生小王与小张总是喜欢相互讲述心事，借此为自己减压。一个人承担得太多了，就需要宣泄，而对朋友诉说成了首选。临近毕业时，小王找了一份实习，每天过着朝九晚五的上班族生活，工作中时时要看老板的脸色，听同事们的冷言冷语。生性率直的她受不了这种环境，又不能不履行自己的实习协议，久而久之，她的心情越来越差，便总是忍不住对小张抱怨。开朗的小张要么拿言语来劝慰，要么静静地听她说。抱怨过后，小王如同卸下了一身重担，第二天早上又轻松地走进公司，开始新的一天。倘若小王刻意掩盖自己的负面情绪，笔者想要不了多久，心理疾病便会不请自来了。

如果大学生都能够选择在心情郁闷时对好友诉说，那心理疾病患者应该会少很多，走上绝路的人也不会像新闻报道一样层出不穷。2004年，云南大学的马加爵残忍杀害四名同学一案，曾轰动一时。据其同学介绍，马加爵生性比较粗暴。平时打球，只要有人踢不好或无意间踢到他身上，他便会动怒，有时甚至翻脸骂人。马加爵有几个广西老乡以前常来找他玩，后来渐渐不来了。还有同学回忆，马加爵以前经过隔壁寝室，只要听到里面的音乐声大一点就会破口大骂。有一次同宿舍的一位同学动了马的东西，他发现后便一直记恨在心，从此不再理睬该同学。同学都说他性格孤僻，不太好处。没有朋友，造成了马加爵孤僻的性格，而他日渐孤僻冷漠的性格进一步使得朋友们远离他。恶性循环愈演愈烈，终于导致马加爵走上了不归之路。

朋友圈子带给我们的安全感和认同感，是其他东西不能替代的。个人的价值只有在志同道合的集体中，才能淋漓尽致地展现出来。大学生王晗专业为物理学，但生性活泼的他并不喜欢沉闷的理论与毫无休止的实验，成绩总不理想，看不到前途的光明，自己异常苦闷。一个偶然的机会，喜欢音乐的他加入了学校的吉他协会，并在协会组织的活动与演出中一展身手。逐渐的，他结识了一群同样喜欢吉他和音乐的朋友。只有在自己的朋友圈子中，他才能感受到自己存在的真正价值。对音乐和朋友的依恋使得王晗渐渐远离了课堂和实验室，成绩更是一落千丈。然而学业失意的他却在与朋友们的低声唱和中找到了自我。大学毕业后，在朋友们的帮助和引导下，王晗走上了音乐之路，现在已经成为一位小有名气的音乐制作人。

如果说生活像一杯咖啡，那朋友就犹如方糖。不加糖的咖啡永远是苦涩的，放入适量的糖，才能体味到咖啡原有的浓香。

千友未必一面

笔者有这样一位朋友，难过的时候，他会随时打电话过来，不管我是不是有时间，只顾自己在电话另一端絮絮叨叨，倾诉自己的挫折。而当笔者需要帮助的时候求助于他，他大部分时间却"顾左右而言他"，从来没有耐心倾听笔者的烦心事。然而这位朋友却在古诗词方面造诣颇深。他三岁诵唐诗，五岁背宋词，出口即成章，举手投足之间透着一股书卷之气。每次与他聊天，他总能旁征博引地讲一番唐诗宋词，令笔者受益匪浅。这样的朋友，尽管付出与收获不够对等，笔者也愿意与他交往。

在为人处世方面，不同朋友有不同的想法，我们不一定接受他们的想法，但和他们交流过后，我会多一个观察这个世界的视角。在兴趣爱好方面，不同朋友擅长的项目也不相同，你不一定非要在某个方面遥遥领先，但和朋友相处，你会了解更多的领域。千人一面不能做到，千友也未必一面。大千世界的芸芸众生有不同的性格特点、兴趣爱好，与不同的朋友交往，能够感受不同的人格魅力，也能够兼收并蓄，广纳他人之长，补一己之短。

网友Suky讲述了自己三个比较谈得来的朋友的故事。这三位朋友彼此之间差别很大，却各有自己的特点，对她有不同方面的帮助。

在与一个在外地的异性朋友A聊天的时候，Suky感觉很开心，觉得很多棘手的问题，在A那里都变得非常容易解决。而A本人也非常随和，他认为什么事情都要去不断的努力都会有好的结果。

而在与另外一个异性朋友B聊天的时候，Suky感觉心里有很大的石头压着一样，压抑得不得了，聊到最后总是控制不住自己的眼泪。B在意的是自己会不会受伤，一旦觉得自己会受伤害，会立刻把自己保护起来。他认为凡事过程不重要，结果才最重要。

C与Suky是同性女友，Suky觉得C和自己的共同想法更多，在很多问题的观点上，两人保持一致。

对比这三位朋友，Suky觉得第一位比较有活力，有朝气，有冲劲。如果把一个公司交给这个人来处理，会营造出良好的团队氛围。第二位则显得有点以自我为中心，但他谨慎的态度和严谨的作风适合财务工作，事实也确实如此。第三位则比较稳重和踏实，有着女孩子的聪明活泼，还富有与人沟通的技巧。

Suky觉得虽然跟这三位朋友接触的时间都不长，但是从他们身上都没少学到东西。从每位朋友身上拾取一个优点，就足够打造一个完美的人了。

学书法的人可以结交几位喜欢摇滚乐的朋友，酷爱街舞的人不妨交往几位精于棋道的朋友，文科出身的人多与理工科朋友沟通沟通，政界人士多与文艺界的朋友切磋切磋……不同学科不同领域的朋友相互交流，想必会有很大的收获。

人生得一知己足矣

朋友也有益友和损友之分。孔子说："益者三友，损者三友。友直，友谅，友多闻，益矣。友便辟，友善柔，友便佞，损矣。"也就是说：结交正直的朋友，诚信的朋友，知识广博的朋友，是有益的。结交谄媚逢迎的人，表面奉承而背后诽谤人的人，善于花言巧语的人，是有害的。

生死之交

先讲一个耳熟能详的故事。A与B两个朋友到森林里去，不小心遇到一只熊。熊向他们奔过来，A竟然蹲下身去系紧鞋带。B催他道："赶快跑啊，要不然你跑不过熊的。"A回答道："我知道自己跑不过熊，但我一定得跑过你。"故事的结局暂且不详，单是这位朋友A的说法，已足以让B寒心。生死关头，情谊的真假方现出本来面目。

然而生死关头缔结下的情谊，却弥足珍贵。笔者曾亲耳听到过这样的故事：有三位朋友L、W与G，平时喜欢户外运动，常常利用假期到北京郊外的山岭扎营露宿，远离喧嚣的都市，享受自然的美与乐趣。2008年11月，这三人结伴连续穿越河北张家口境内的小五台山时，就遇到了生死考验。

第一天尚且风平浪静，第二天18点从南台下撤时，天已经黑下来了。曾经爬过雪山的L眼镜丢了，走得摇摇晃晃，说看不清路，换一个亮一点的头灯，勉强走了几个山脊。一路上风都很大，在进入一片小树林前，大风终于达到了极致，逆风根本无法站立，风小时候往前抢两步，风大的时候就被吹得倒退三步，这几百米的路，三人只能匍匐前进。

19点多时，L看不见路了，借助头灯的光，同伴发现L的眼睛似乎是在上翻，漏出的只是眼白，黑眼球所剩无几，只对强光源有反应，估计是严重脱水导致的夜盲症或暂时的视力衰竭。

在大风雪中，L为了不拖累同伴，也曾灰心的想找个背风的地方自己停留一晚，让另外两人先走，但被坚定地否决了。在当时的环境里，没有装备停下来无疑就是送死。

在接下来将近7个小时的时间里，W在队伍前探路，每走一段就回头打灯。L凭着光线判断大致的前进方向，G则在后面大声提示"往前，往左"。L并没有因为看不见而胆怯，在路上滑倒过无数次，都坚决的翻身挣扎起来，继续前行。

事后，G在自己的日记中回忆这段经历时写道："我开始觉得身边有东西在说话，似乎在等着看我们坚持不下来的笑话，这时候也不知道害怕了，整个人仿佛被激活成另一种状态，心里只想一定要和W把L弄回去。L每走两步我都要喊上几句话，休息的时候也不敢停，害怕沉默下来就再提不上这口气，口渴肚饿了就随手抓把雪嚼了咽下去，累了困了也抓把雪嚼了咽下去，小心的维持着精神和肉体的亢奋。"

凌晨时，最后一块巧克力被分食，低温、疲劳、饥饿、绝望一齐袭来。三人的身体均到了极限。L意识慢慢变得模糊，走路摇摇晃晃，每次摔倒都耍赖般的要休息。而W和G不断催促，拼着自己的力气搀扶着L艰难前行。终于在凌晨两点半时，到达目的地，结束了这场长征式的跋涉。虽各有冻伤，但三人平安返回。

笔者听后曾感慨，如果W和G有一丝动摇的念头，这三人估计已经登上了遇难名单。困难境地不放弃朋友，生死关头拉住朋友，用生命答复朋友的信任，所谓生死之交，不过如此。

交友不慎会坠入深渊

大多人愿意交益友，对损友避之唯恐不及。而损友却经常乘虚而入，设置陷阱，专门等着别人上钩。对于官员来说更是如此。有些官员缺乏高度机敏的警惕和防范意识，一些有钱的"朋友"便挖空心思，投其所好，在不知不觉中，将其拉下水。

2008年7月，被网友戏称为"史上最倒霉贪官"的重庆渝中区环卫二所原所长范方华出庭受审。范方华的堕落轨迹和大多贪官相似——掌权之后开始和一群故意找上门来的"朋友"交往，逐渐利用自己的权力将一些项目批给这些朋友，并从中收受贿赂。范方华前后共接受近30万元的贿赂款，均来自一个叫做王卫龙的朋友。而当他开始疏远王时，王以公开他受贿为要挟，公然索取项目。范方华左思右想，决定把这30万元退还给王，却又陷入了王索取"封口费"的泥潭。无奈之下，范先后支付给王40万元的封口费，但这并没有掩盖自己受贿的事实。经他人举报，范方华东窗事发，银铛入狱。

贪官莫伸手，伸手必被捉。王卫龙看重的，到底是他和范方华的"交情"，还是二人之间的"利益"呢？或许，对于时常有"朋友"主动来结交的官员们来说，范方华涉嫌受贿，成为"史上最倒霉的贪官"，无疑是给他们敲响的一记沉重的警钟。

嘴上说得比蜜还甜的，未必就是真正的朋友。

虚拟世界也有真朋友

网络虽然是一个虚拟的世界，但是，这个"虚拟"的世界是靠真实的人来运作的。而"人"是靠互相支持和互相帮助才坚持下来的。这就是网络中的友谊。

现代人有相当一部分生活在网络上，当然离不开虚拟世界中的友谊。网络游戏中，不同角色合力搏杀，结伴同行，是友谊的表现；论坛上，不同人对同一个事件表达观点，寻找契合自己观点的看法并表示赞同，也是友谊的表现。从心底里流淌出来的情感，并不因网络的虚拟而变得虚幻，人间真情是遮掩不住的。

李丽从2005年豆瓣网诞生起，便成了它的忠实用户。最吸引她的就是上面的影评和书评。并由此认识了一群志同道合的朋友。"虽然相识于网络，可并不虚拟。"李丽桌子上的Teddy熊，就是她托在豆瓣上认识的香港朋友买的。因为共同的兴趣爱好，让她和豆瓣上的好友有聊不完的话，也建立了牢固的信任。有时候网友们还会去学校看她。有一次正好碰上李丽要做课堂报告，他们就当了回粉丝，给李丽助威。

共同的兴趣爱好让这群年轻人将友谊从网上发展到现实生活中，见面之后又不会无话可谈。和你常常见面，一起上课，一起自习，一起吃饭，所以我们是朋友；和你喜欢同一本书，喜欢同一部电影，喜欢同一份报纸，所以我们是朋友；因为熟悉你，所以想通过你的日志了解你的动态，告诉你我在关注着你；因为志同道合，所以在网络上认识的我们在现实生活中依然是朋友，甚至比和自己原来的朋友还要好……这种友谊也值得珍惜。

一位网友在一个帖子中写道："从某种角度来说，也许正是这种虚拟的世界，掀开了人性自有的某些面纱，透露出在真实的空间人与人常常不能张扬的真情真相。在这个虚拟的网络世界里，就像一个不靠色彩，没有声音的世界里，也许彰显的更是真实的心灵的流动。沐浴的也是清纯的心灵桑拿。"

现实生活中的浮华被网络滤去，曾经面熟心遥的孤寂，变成了被理解、被关爱的滋味，也变成了去理解，去关注的付出。谁说网络没有真友情呢？

恋人首先应该是朋友

作为友情发展的高潮，恋人是特殊的朋友。这意味着，一方面，恋人首先得是朋友，男女之间也需要朋友之间相处的技巧。比如相互包容，相互信任。另一方面，恋人更意味着更高层次的宽容与理解，以及共同的担当。

在北京CBD工作的白领张旭衣冠楚楚，一表人才，还有着让人羡慕的工作和薪水。他的女友林清还在攻读硕士学位，尚未毕业。两人的感情比较稳定，商议等林清毕业了，就去登记结婚。

然而张旭的猜疑心，最终断送了这桩看上去非常美满的婚姻。

林清学的是播音与主持专业，人长得漂亮，出镜时又非常有气质，受到了很多男生的追求。淡定的林清从来不把这些放在心上，她真正爱的，只有张旭一个。张旭却不这么想。

张旭总认为林清对他三心二意，而对林的深爱又让他不敢轻易说分手，有时他便会做出一些让人匪夷所思的举动。每个周末，他都要去学校接林清。如果他看到林清和男生在一起，不管什么原因，他都会马上给林清脸色看，让女友下不来台。林清的分辩无济于事，往往以争吵告终。

一个周五的下午，林清在筹划拍摄一部短片，这是一门课程的作业。她和短片的主创人员讨论文案策划时，张旭走进了他们开会的学校咖啡厅，见在场的除了林清都是男生，便拉长了声音唤林清的名字："林清——林清——"

"等我一会儿，我跟大家讨论完了就走。"林清不紧不慢地说。

张旭坐下来盯着林清和她的同学们，见他们有说有笑的样子，气不打一处来，又拉长了声音，再度呼唤。

"等我讨论完了呀。你别着急行不行？"林清有点烦了。

周围的同学窃窃私语："这是她男朋友啊？""是啊。""怎么这么小气？连句话都不容说完。""一贯如此。"

林清的脸上有点挂不住，心想早点结束算了。于是草草地分了工，又叮嘱了大家几句，就散了会。

面对不通人情的男友，林清压着火气，问："今天怎么这么早？"

"还早？再晚一点恐怕你就被人家抢走了。"张旭咬着牙说。

"怎么会？我们明明是在讨论作业。"林清反驳道。

"得了得了，你那帮男同学一个个的都没安好心。看你的眼神都色迷迷的，我是男人，我还不知道他们想什么？"张旭没好气地说。

"你怎么这样侮辱人？"林清气愤了，甩手就走。

张旭连忙追上去，好言安慰，好不容易把林清哄得不生气了，他们恋情的裂痕却已经产生，无法弥补了。

这之后，只要林清约会迟到一会儿，张旭总要冷言冷语地讽刺挖苦，过后又连忙安慰。他爱林清，只是不知道如何表达自己的爱，把爱放错了地方。

　　渐渐的，林清对张旭的做法越来越反感，越来越厌恶，开始找借口不见他。张旭找到学校去，如果撞到她和男生在一起，免不了大闹一场。每次林清都觉得自己颜面扫地。

　　终于，林清提出了分手，并为了快刀斩乱麻，决定申请出国留学，远离这个是非之地。张旭痛苦地哀求林清留下来，但女孩被一次又一次伤害的心岂是几句哀求就能治愈的呢？

　　林清最终去了欧洲，她与张旭三年多的感情就此画上句号。而张旭在痛苦之余，是否也该反思自己处理两人感情的方式呢？

　　在笔者看来，男女之间是相互独立的，一方不应该将另一方视作自己的附属品。恋人不是私有财产，既然相爱，就要相互信任，给对方空间。相互猜忌与无端的不信任，都是矛盾产生的根源，最后轻则导致分手，重则会引起更加严重的后果。2008年震惊全国的中国政法大学学生杀害教授案，就与恋人之间的不信任有很大的关系。

　　当年10月28日，大四学生付成励在课堂上，砍中副教授程春明，然后从容报案自首。程春明经抢救无效死亡。

　　付成励认为，自己的女朋友之前曾和程春明发生过不道德的关系，两人曾经因此吵架。尽管女友提出分手时并没有说明任何理由和借口，但付潜意识里觉得和女友告诉自己的事情有很大关系。

　　2008年7月，付成励和陈某再次发生大吵，二人正式分手。付成励气愤地对女友说："你是想把我逼死啊，但是我告诉你，我就是死，我也要先把程春明杀了。"闻听此言，女友阻止了付成励的过激行为。

　　付成励依然记得，分手时，女友告诉他，在和付成励交往前，自己和程春明曾经保持了一年的关系，而离开程的原因是她自己已不再爱程春明。

　　付成励认为，女朋友和自己分手与程春明有很大的关系，程春明在自己和女朋友之间留下了太多的阴影，"我憎恨程春明"。

对于女友的不信任和猜疑，成为这段恋情的不稳定因素。而生性内向的付成励又没有和女友好好交流沟通，仅凭自己想当然，就痛下杀手，毁了自己，也毁了两个家庭。

呵护一段感情，需要包容，需要信任，也需要双方坦诚无保留的沟通。任何一方将自己摆在不平等的地位上，都无法进行对话。一旦成为恋人，就需要共同承担责任，共同抵挡任何对这段恋情产生的冲击。

笔者要讲的这个故事，发生在上世纪六十年代。虽然时间过去了五十年，但今天看来，仍有其借鉴与参考意义。

故事的男主人公是一位话剧演员，有自己心爱的恋人，两人即将步入婚姻的殿堂。而当他奉命去农村某公社毛泽东思想宣传队做辅导时，喜欢上了一位姑娘，她是公社宣传队队员，两情相悦，一拍即合，两人之间发生了应该发生的一切。

本来这种结合不会有任何结果，但一次放纵之后，姑娘怀孕了。任何打掉孩子的办法都没有成效，伴随着他们的焦虑，胎儿一天天地长大。他不可能娶姑娘为妻，因为两人的身份有着天壤之别，何况他还有一位即将婚娶的未婚妻。直到无法再隐瞒的时候，男主人公选择了对他的未婚妻和盘托出。

悲愤之下，未婚妻大哭大闹，冷静下来，她觉得未婚夫能够将这么重大的事情告诉自己，是出于对自己的信任，也是表明了想妥善解决问题的态度。何况，自己也深爱着未婚夫，不愿轻易放弃。在那个年代，这种事如果吵开，对谁都不利。于是，未婚妻和自己的母亲出面做了一系列精心、周密、稳妥的安排。一方面照料姑娘，一方面迅速和未婚夫办理了结婚手续。姑娘在神不知鬼不觉中把孩子生下来后返回了家乡，孩子留在了男方家里，成了未婚妻的孩子。

有一种勇气叫做原谅。男方对妻子的大度与宽容深深感激，同时也怀着对妻子深深的愧疚，低眉顺眼一辈子，成了邻里中有口皆碑的模范丈夫。这个孩子则在不知情的状态下快乐成长，始终不曾认回亲生母亲。

笔者觉得这样的事情在当代应该不会再发生。尽管很多人对这位未婚妻的行为颇多诟病，认为她愚昧而又软弱，笔者却对这位善良宽容的妻子表示深深的敬意和佩服。爱情只有在这样的土壤中才会开出艳丽之花。现代人的爱情正是缺少了这种宽容与忍让，才显得针锋相对，狭隘逼仄。

　　一位网友充满期待地写道："谁不期待谈一场完美的爱情？但现实生活中，要找到一个相处的来、不会吵架、充满甜蜜与惊喜的爱情实在太难了。那些长长久久的恋人，也是有生活大小事去试探他们之间的容忍度；那些烛光晚餐下的恋人，也可能上演大街上流泪哭泣的戏码。但能不能有相互包容的感情呢？体贴一点、开心一些，不计较、不猜忌，也许感情就可以细水长流。"这也正是笔者想表达的。

　　人的情感有时是难以琢磨的，一个人往往会在最偶然的时候，最奇怪的地方，在不经意中和一个最意想不到的人成为朋友，甚至连他们自己都不知道这种情感是如何产生的。于是两个不相干的人变成了朋友。其实这是上苍赐予的一种必然，我们把它称为缘分。有了缘分才有了朋友，友谊也需要双方的呵护与珍惜。

　　我们一生总会遇见一群要好的朋友，而且为了朋友也都做过一件或几件糊涂而有甜蜜的事情。这种事也许不会给你带来什么好处，却可以为你留下一段温馨的往事，让你在老年寂寞时回忆。当我们老了，头白了，在炉火旁打盹的时候，若还能想起一两件与朋友有关的事，那将是多么动人的场景！

第十六章 性：
被爱情遗忘的角落

中国是世界上人口最多的国家，同时也是世界上性资源最丰富的国家。空前的人口流动带来了空前的性需求，同时也带来了空前的性疾病。

第十六章 性：被爱情遗忘的角落

避孕药的出现使人类将性和生育得以分离，但人类会不会因此将性和爱情分离……艳照门事件是人性的解放还是道德的堕落……上个世纪六十年代，避孕药发明的同时，人类迎来了艾滋病毒，这是不是上帝对人类滥交的警示？

这是一个最好的时代，这是一个最坏的时代。桎梏打碎，禁锢的心灵开始飘荡，潘多拉盒子的罪恶和丘比特的箭在天空共舞。上帝已死，谁能主导这个局面？

中国人在性的问题上一向是讳莫如深，耻谈男女性事，这并不是不开放，而是拘泥于儒家文化的种种说教和限制，"非礼勿动，非礼勿听，非礼勿视"的教条让中国人始终处在一种性的束缚之中。不过就是在礼教束缚最严厉的时候，中国人的妻妾制度也早已实行了上千年。而社会底层这种被压抑的情感和心理，一旦获得某种程度的解放，它就会变成一种宣泄。随着国门打开，西方的性解放传进了中国，使中国人以前所未有的速度扯开遮羞布，一下子成为世界上最开放的国度之一。

三十年来，中国人的性观念发生了翻天覆地的变化。20世纪80年代前，人们谈性色变，视性如洪水猛兽，避之唯恐不及。而今，性早熟和晚婚晚育的普遍盛行，婚前性行为已被大多数青年人承认并接受。男女之间发生性关系不再需要深厚的感情基础，"一夜情""婚外恋"等曾遭千唾万骂的关系也已开始盛行于城市的男女青年之中。

灯红酒绿和纸醉金迷之间，关键词是男人、女人和性。对于现在的青年人来说，"性"不再神秘。

天之骄子现在是凡人

在这场性解放运动之中，大学生绝对没有落伍。象牙塔里的天之骄子们，面对性的诱惑，瞬间撕去了外界为他们蒙上的神秘面纱，他们与她们，在性面前成为最平凡的人。

钟点房的诱惑

网上曾有一篇文章，详细报道了大学周边钟点房的"盛况"："记者了解到，在天津、大连、福建、长春、深圳等地，钟点房、日租房、月租房围攻高校的情况有过之而无不及，大有泛滥之势。"据记者暗访，在沈阳南北两处大专院校相对集中的地区，密布着多家私人开办的小旅店。一到周末，这些旅店钟点房的生意就异常火爆，来往的大学生几乎要将这些旅店的门槛踩破。而这些无照经营的小旅店里，避孕套、淫秽光盘等物品应有尽有，保证供应。

网上曾有自称大学生的网友公开发表自己曾与多位女孩开房求欢的经历，并以此作为炫耀的资本。他们在帖子里写的故事也许有所夸张和虚构，但这一举动说明当代大学生不再刻意回避婚前性行为，也并不以之为耻，而是以之为荣。

现实中的大学生面对这样在家长眼里离经叛道的行为，表现都颇为平静。大多数人认为这种行为不值得苛责。在他们眼里，大学生已经有了辨别是非的能力，采取强制措施显然不合适，而是应该让大学生自己去把握。即便一时走了弯路，也算是给自己日后积累一些教训。有些在校的大学生认为，随着《普通高等学校学生管理规定》中"禁止大学生结婚""按时熄灯就寝"等规定的取消，说明大学在内部管理上都已经放开，学生有权利支配自己的行动。既然如此，采取强制措施又有何意义呢？

也有大学生认为，有需求就有市场。校外钟点房生意的火爆，正说明大学生对性生活的需求。"食色，性也。"孔圣人尚且做出过如此结论，别人实在不必大惊小怪。但是钟点房的环境、安全、卫生等问题，却是大学生们在开房之前不得不考虑的问题。毕竟在满足自己需求的同时，也得注意不要因为外界的原因而给自己留下终生的遗憾。

新同居时代

如果说钟点房是感情发展的初级阶段，那么当感情步入稳定期，男女双方也该开始同居了。对于大学生来说，同居的地点，有人选在宿舍，有人则选择在校外租房。

大学校园的宿舍虽有专职人员看管，毕竟百密一疏，尽管很多大学限制男生进入女生宿舍，却对男生宿舍几乎不设防。曾有女生长期住在男生宿舍，宿舍管理人员对此睁一只眼闭一只眼。

在北京某大学，男生小常和女生小张从大二起便开始了周末夫妻的生活。每到周五，小常的室友便找借口躲出去，为小常和小张留下二人空间，两人便在"坦诚相见"的性爱中找寻自我。直到周日室友们回来，小常才依依不舍地将小张送回。随着时间的推移，室友对他们这种行为逐渐反感，周末便不肯让位。小常和小张干脆不再避人，用一幅床帘隔出自己的空间，两人便在一张单人床上温存，丝毫不顾及这种行为带来的恶劣影响。久而久之，小常因此和室友的关系搞得很僵，小张也因为提早享受夫妻生活而耽误了学业。毕业之前，看着周围的同学或得到继续深造的机会，或找到心仪的理想工作，两手空空的小常与小张喟然长叹。本以为牢固不可破的爱情在毕业和分离面前瞬间破碎，变得不堪一击，大学几年收获的只有每周两天露水夫妻生活的回忆，这样挥霍青春是不是太奢侈？

和小张相比，女生丽丽还算幸运。丽丽和自己在网上认识的男友一见倾心，相处几个月后便开始在学校外租房同居。丽丽本来不相信姐弟恋，但是遇到这位小自己一岁的男友之后，她觉得自己终于找到了真正的爱情。她不仅用自己所有的课余时间与男友厮守在一起，还逐渐开始逃课，以学业为代价，换取心目中的理想爱情。

每逢周末，她会与男友推着购物车在超市闲逛，轻声低语地商量该买些什么装点他们的小家；她会在琳琅满目的服装店驻足，换上一身又一身新衣等待男友的赞赏；或者远赴陕西、云南等旅游胜地，摆好姿势等着对方给自己拍照……丽丽陶醉在这一切里，她畅想着嫁给男友，与之相守一生一世。而随着时间的推移，感情进入磨合期后，最初的新鲜感过去，丽丽逐渐产生了一种说不出来的厌倦，她觉得男友已不能像起初那样满足自己各方面的要求，而男友的耐心也逐渐消磨殆尽，两人的缺点逐渐在日常生活中慢慢地显露出来。丽丽觉得男友过于幼稚，很多方面尚不成熟；男友则嫌丽丽独断专行，缺乏温柔。但两人始终下不了分手的决心，直到有一天丽丽发现男友背着自己和其他的女孩在一起……

痛定思痛，丽丽毅然结束了这段持续了三年的感情，搬回了学校。看着其他同学忙于学业和实习的情景，丽丽感慨颇多。在大学生活即将结束的时候，她终于回归学校，重新开始学生生活。尽管受到了很大的伤害，但回想起这三年的同居生活，丽丽依然觉得自己有所收获。而最大的感受便是认识到了，同居并不一定能收获爱情。

一种主流观点认为，同居的前提是双方的感情发展到足够的程度。如何界定这个"足够"呢？如果说两个人同居以后就必须结婚，那未免过于苛责，毕竟结婚多年的夫妻都可能分道扬镳。但是，一对大学生情侣同居之前至少应该做好了和对方结婚的心理准备，也就是说，两个人在内心深处都渴望与对方厮守终生。而且这种渴望不是孩子气的一时冲动，而是两个人经过长时间的彼此欣赏和充分的相互了解之后，都有了足够的勇气和充分的理性与对方共同面对以后的任何困难。如果仅仅为了追求时尚而随随便便地和恋人开始同居，那不仅容易伤害感情，伤害双方，还容易改变个人对于感情的态度。

大学生"卖身"族

一名记者对武汉各高校进行了调查，试图找出高校内有多少大学生为了金钱而出卖身体，调查结果令人触目惊心。一位从事"三陪"行业已有两年时间的女大学生说："现在武汉地区的女大学生中，至少有8%～10%从事这个行当，如果加上那些只陪聊陪玩不上床的，估计接近四分之一。这个比例在外语、中文、艺术和师范类的学生中更高。"一位出租车司机更是直截了当地说："到武汉找小姐，不如找学生妹，既有文化，又年轻，还不会有病。因为做这一行的学生多了，价格也下来了，比起宾馆里的小姐，学生只是半价。"

一位自称是出租车司机的网友讲述了下面的故事：

"一天夜里，我在一家大酒店外趴活儿。差不多凌晨两点多的样子，一个非洲黑人喝得醉醺醺的，怀里搂着一个女孩子，上了我的车，叫我沿着环城路随便开。拉了这么多年活儿，这种情况我也见过不少，来的都是客，客人让怎么走就怎么走吧。于是我一边把车开上环城路，一边通过后视镜观察后座上的动静。

那个黑鬼把女孩子抱到自己的腿上，随着车的颠簸有节奏地上下运动。女孩子看起来有点害怕，后背一直在颤抖。我想开我自己的车，管客人的事情做什么，便专心开车，绕着环城路走了一圈又一圈。

大概凌晨三点多，黑鬼让我开回城里，停在原来那家酒店门前。他付了车钱，头也不回地走了。我才有机会看了那女孩子一眼，蛮清纯的样子，看起来像个学生。她没下车，让我把她送到一所大学，我心里有数了。

在车上，她脸色惨白，看样子被那个黑鬼祸害得不轻。我忍不住说了一句：'姑娘，放着好好的学不上，为啥跑出来干这个？'

女孩子嘴唇哆嗦着，不接我的话茬。

我叹了一口气，把车开得飞快，很快就到了某大学门口。女孩子付了车钱，却不下车。我一愣，她小声说：'师傅，您能不能扶我一把？'

下得车来，才发现她的裙子被血浸透了，也不知道那个黑鬼是怎么折腾的。我忍不住又问了一句：'他给了你多少钱？'

'三百美元。'

按现在的汇率，三百美元折合成人民币，还不到两千块。这些钱够不够她看病的？如果因此落下后遗症，又该怪谁？

把她搀扶到大门口，帮她叫开大门，她才一步一步地走向自己的宿舍。看着她一瘸一拐的背影，我倒隐隐有些心疼。"

这位出租车司机心疼不仅仅是为了这一个女孩子，而是整个大学的堕落和知识的堕落。

曾几何时，大学的学费不断上涨，越来越多的大学生不堪重负。很多大学生开始做起了皮肉生意以为兼职，这样赚钱既来得快，又比其他工作要轻松。而一些女大学生走上这条路，除了解决必要的生活费用，更重要的原因在于攀比和爱慕虚荣。

一身魅力四射的时装，一条光彩夺目的裙子，一个品位很高的皮包……在这些东西面前，很少有女性能抵住诱惑。女大学生也不例外。而对于大部分大学生来说，每月可支配收入俨然比不上已经参加工作的白领，如果要想象白领们一样享受同样的物质追求，就必须有额外的收入。挣钱的门路有很多，很不幸，她们选择了出卖身体。

就读于西安某重点大学三年级的如君，"三陪"经历已有两年。说起自己走上这条道路的初衷，出身于单亲家庭的她燃起一支香烟，慢慢地让自己陷入痛苦而又不堪回首的回忆中去。

"我五岁的时候，爸爸抛弃了我和妈妈，走出国门，一去不回头。妈妈艰难地工作把我养大，又供我上了大学。本来以为上大学便摆脱了原来的命运，但我发现自己太天真了。女孩子本来就花钱比较多，还喜欢互相攀比。看着寝室里其他的同学都谈论时装鞋子皮包，我真的自卑得想钻到地缝里去。我承认我爱慕虚荣，我喜欢钱，但我实在不能总是张口问妈妈要，她一个人打两份工，已经很不容易。而做家教和兼职，钱又少，又不能满足我的需求。"

香烟袅袅上升，如君的眼神有些迷离，细致地叙述第一次堕落的记忆实在太艰难。

"终于有一天，我在聊天室和一个男人说好，我陪他一个晚上，他给我500元。那个男人是西安交大毕业的，很有钱。以后，我就慢慢开始了卖笑的生涯。平时我背着双肩包在教室上课，到了周末就化了浓妆走出去挣钱。说真的，一个周末挣七八百块，原来想都不敢想。时间长了，也认识了做这一行的其他几个姐妹。现在对这一行已经习惯了。至于毕业后做什么，那和现在无关。"

也许如君的妈妈还在期盼女儿学业有成，衣锦还乡，让苦了一辈子的她扬眉吐气。做梦也不会想到，她的女儿为了一套时装、一条裙子、一个皮包，竟然甘愿出卖自己的灵魂。

在金钱面前，知识一败涂地。

更有女大学生为求长期稳定的收入而甘愿俯身成为"二奶"，在老板们的调笑中收获自己想要的东西。据调查，包养女大学生的老板们初衷有的是厌倦了商场的尔虞我诈，认为大学生比较清纯，比较有思想，想养一个女大学生为自己造一个可以偶尔休息的窝，使自己的身心都可以得到休息。有的是因为怕麻烦，和女大学生交易可以省了很多事。女大学生受制于学校，她们出来当"二奶"很怕被学校知道，因为学校一旦知道是一定要被开除的，她们中的大部分人还是想获得文凭，因此不会无理取闹。而且不少女大学生是因为经济窘迫才当"二奶"的，一旦毕业，她们会想去另谋出路，而不愿再忍辱偷生，双方好聚好散，不会死缠烂打。

据说，某产煤大省的煤老板们，喜欢出行时带一个女大学生秘书，并以此为荣，后来又流行包养女大学生。且"二奶"的学历越高，就读的学校越好，老板就越有面子。谈生意或者聚会时，老板们喜欢把自己的"二奶"带出去炫耀攀比。觥筹交错之间，打扮入时的女大学生们殷勤地斟酒夹菜，令醉眼蒙眬的老板们兴奋不已。女大学生又怎么样？我有钱，你不是照样得服侍我，讨好我，给我生儿育女，还不能和结发妻争名分。

这是知识的悲哀，也是教育的悲哀。

小李是某著名大学艺术系的高材生。她参加过一个颇有社会影响力的电视台举办的选秀节目，并一举成名，并被很多电视台请去做嘉宾主持，一时间风光无限，引来周围很多或羡慕或嫉妒的目光。作为一名艺术专业的学生，她也曾梦想毕业之后成为一名主持人，面对台下和电视机前的观众，谈笑风生，挥斥方遒。

改变她命运的是一次酒会。在这场由某电视台举办的酒会上，各界名流欢聚一堂。小李幸运地获得了一次现场采访的机会，并因此被一位企业老总看中。老总向她展开攻势，她没抵抗多久便缴械，成了这位老总名义上的私人助理。

每逢周末，小李的宿舍楼下都会停着一辆宝马轿车，把小李接走。小李跟着老总出入各种高档聚会场所，并借机认识了不少媒体的负责人，她为此感到欣慰。尽管晚上会成为老总发泄性欲的工具，但小李一想到老总送给她的钱财与礼物，一想到借老总扩展的人脉资源，她便觉得眼前的吃苦都是暂时的，幸福的一天终会到来。

笔者不明白，有什么比知识更宝贵呢？有什么比青春更值得珍惜呢？因为一时的虚荣和利益而出卖肉体，固然能满足自己一时的需求，但这终究是一条不归之路。很多年之后，她们只能用满架的新书来掩饰自己知识的不足，只能用厚厚的脂粉来遮住自己眼角的细纹，失去的东西永远都找不回来了。

望女成凤的父母们，绝对想不到自己的宝贝女儿会低三下四地去服侍文化程度不高却一掷千金的老板。在工作岗位上拼命苦干地他们，最大的期望就是儿女长大成人，有一份体面的工作和事业，在社会上成为令人尊敬的人物。为此自己再苦再累都能忍受。而那些对金钱屈膝俯首的女大学生们，在媚笑谄笑之时，可曾想到过自己的父母呢？想到过自己的未来吗？

一夜情与婚外恋，难缠难解的死结

一夜情与婚外恋，这两种非正常的感情形式却像一粒粒细沙，渐渐地渗入了现代人的日常生活。一旦陷入其中，就仿佛失足陷入沼泽地，怎么挣扎，也难以彻底摆脱。就像亚历山大的绳结，要想解开，除了一剑斩断，似乎再也没有其他的好办法。

一夜可有情?

当我们诚实地面对自己的身体和情绪，如果有欲望，我们该怎么办?

有人说，一夜情就是解决欲望的一个很好的形式。两个互不认识的男女，通过网络或其他形式走到一起，互相陪伴对方度过一夜，各取所需，天亮说分手。彼此仍不认识，也不需要认识。日后若有机会再见，恐怕也不会认出对方。这种形式既解决了身体的要求，又不会留下后遗症，多好。

并且，生活在忙碌的城市里面，人和人之间的感情十分淡薄，如果找一个人先来交流沟通，用很长的一段时间来培养感情，然后再来发生关系，那显然不符合城市快速的节奏。一夜情就不一样了，只要是两个人都没有被伤害到，都得到了想要得到的，那就是一笔很好的买卖。

感情就这样变成了一笔买卖么?

笔者觉得，和一个完全不喜欢的人接吻，那和亲吻自己的手背有什么区别? 和一个完全不喜欢的人做爱，那和动物的交配本能又有什么区别? 人之所以区别于动物，在于人类有着丰富的感情细胞，能够表现出喜怒哀乐和爱恨情仇。爱情尤其是美好情感的集中体现。没有爱情做前提的性爱，还能称作"爱"么?

成都曾有学生在校园里公开贴出启事，征求圣诞节一夜情人。为此，《天府早报》曾经引述过一名学生的观点："贴出启事的同学的想法正代表了许多大学生的价值取向。我也没有女朋友，但新世纪的平安夜实在难求，我同样也希望有个温柔可爱的女生陪我一起度过，以留下浪漫、永恒的回忆。"

看来，一夜情并不一定要有"爱"，关键是要有"性"。

在北京中关村工作的王超高大英俊，一表人才，符合许多女孩子的"梦中情人"的标准。如果他认真对待感情的话，是能够交往到一位条件不错的女孩的。然而，曾被恋人伤害过的王超不再相信世间还有真情，而是玩世不恭地走上了一夜情之路。

他遇到的第一个女孩，是在一次推销电脑时。"美女，进来看看笔记本吧。"见一位身着翠绿上衣的女孩在展位外经过，王超殷勤地招呼。女孩回头盯着他的眼睛，王超从女孩的眼神里看到了暧昧和某种近乎于鼓励的东西。身不由己，他抓起手中的笔和纸，迅速写下了自己的手机号码，塞给了那位女孩。女孩嫣然一笑，如风一样飘走。

当晚下班时，王超接到了女孩的电话，约他吃晚饭。王超一口答应下来。赶到女孩约定的地点，在餐馆里享受了一顿颇有情调的烛光晚餐之后，两人来到王的住处，一切意料之中的事情都发生了。

第二天醒来，女孩已不见踪影，连一句话一张字条都没留下。怅然若失之际，王超回味起前一天晚上的疯狂与销魂，发现自己开始喜欢上了一夜情。

从此，王超一发而不可收。在酒吧里，网络上，火车上，甚至迎面而来或者擦肩而过的瞬间，他都在时时寻找与他有着同样渴望的女孩。每带回一个女孩，他都要在第二天把这个女孩的特征及对她的感受详细记录下来，时间长了，竟积累了厚厚几大本。抚弄着这几本笔记本，他似乎又回到了那些激情的夜晚。

王超的做法看似浪漫前卫时尚，只是，在一次又一次的夜晚过后，他对爱情的信心越来越少，年届而立仍孑然一身。

为了排遣寂寞而刻意寻求一夜情，到头来只能让自己更加孤独。

有人说，女人是上天动情时的造化，所以，女人，永远为情而生。而当爱情变得稀少，女人们不敢在情感中过多付出而只能希望一次又一次的身体的颤动来抚慰身心时，"一夜情"就变得不足为奇。然而，正如《欲望都市》中的凯瑞所感觉的那样：有一次，她抱定了不动感情只玩男人的想法，于是发生了一夜情。她决意分别时一去不回头，可最终还是忍不住偷偷回头看了一眼那个男人——没想到那个男人也在看着她。

于是，那一瞬间，她知道她输了。

在两性情爱中，男人往往是"赢家"，女人呢？当女人在交付出一夜的身体后，她们能像男人一样把性和爱分开吗？能轻松地抽身而退吗？黎明时分，女人心底又是否会有一种隐约的情感随着太阳从地平线一同升起呢？

一项调查显示，绝大多数的女性即使发生一夜情，很多时候也是出于感情的需要，而不是单纯的生理渴求。这和另一个问题"你能够在一夜情中做到'零感情'吗，即只享受身体的快乐却绝不言情？"的结果大体一致。调查显示，有54.2%的女性反映做不到零感情，总会有一点点感情，但不是爱情，究竟是什么，她们自己可能也说不清楚。

所以，很多时候，女性和男性不同，她们对待情感的态度使她们无法完全地做到性与爱的分离。57.16%的女性反映她们会谈谈心，会交流感情。这更加证明了女性即使是发生一夜情的状况，内心里依然渴望彼此都能有真实的情感产生。

当夜晚结束，黎明降临，女性从床上坐起，望着昨晚还在与自己缠绵的男子，叹一口气，决然而去。却很少有人能够做到自然洒脱，也许自己的心里已经留下了这个男人的影子。

寻求一夜情的女人，更容易被一夜情伤害。

婚姻以外，如何承担爱？

婚姻意味着什么？意味着责任、承担以及必不可少的爱情。婚姻是一种契约，夫妻双方约定他们需要共同承担未来可能产生的风险与困难，共同分担家庭的责任与义务，共同分享家庭带来的喜悦与快乐，并在共同建构的家庭里培养比恋情更深更进一步的爱情。

而婚外恋呢？没有契约的恋情，是不是像无根的浮萍，大风吹来即漂走呢？

网上流传着一位刚过不惑之年的企业经理的婚外恋故事，颇能给人启示意义——

"我和前妻是25年前认识的。那时，我在部队打篮球，她在地方也是打篮球的。因为地方的篮球场地不如我们部队的好，她们就经常到部队打球。当时，我们给对方留的印象都很深，但毕竟是那个年代，部队里又不准谈恋爱，所以，我们几乎是在谁心里都明白的情况下，暗恋了两年。在我临退伍的那年，一个下雨天，她到部队来，让我替她买一块的确良布（在部队里买，既便宜、质量又好）。就是这一块的确良把我们从此联系起来。后来，我们有了一个女孩，家庭也还算幸福。

可能现在很多人都厌倦了婚姻的那种平淡，所以，面对外来的冲击，在围城里面看外面的风景，怎么看怎么好。小琳就是在这个时候出现的。

前两年，我们企业效益非常好，产值直往上升，经常有新闻媒体来报道。有一天，小琳走进我的办公室，我眼前一亮，这真是个清秀可人的女孩子，人长得甜，声音甜，很让人难忘。后来，她告诉我，她从来没见过我这样才貌双全、有勇有谋的男人，我才是她梦中男人的样子。当然，我们的婚外恋就一溜下坡地往深处滑，再后来，我们同居了，老婆知道就闹，这样一闹大家都知道了，我一赌气，一段婚姻就完了。

离婚前，我看着十几年相伴的妻子，人高马大的，干活也粗粗拉拉，心疼我的口气也硬硬的，越看越难受，越想小琳那清秀的模样、小鸟依人的温柔就越觉得自己原来过的是第三世界的生活。可是，和小琳结婚不长时间，我就后悔了。我带小琳经常出席一些酒会，发现她简直就是会议的主持人，不管该说不该说，什么时候都滔滔不绝，特别是喝上点儿酒，守着我就往别的男人身上靠。回到家，连粗粗拉拉的活也不干，更别说是心疼我。

唉，现在的中年人，根本不懂婚姻与爱情的关系，一时被爱情冲昏头脑，就以为找到了自己理想的生活。可那一时的爱情过后，所有的婚姻都如退了潮的大海，剩的就是各自的性格与品质。所以，我觉得如果真遇到一时迷惑的所谓的爱情，回避不了也不是不可以接受，但千万别轻易走出走进婚姻，毕竟，前面有一个人与你共同经历了那么长的岁月。"

吹尽狂沙始到金。共同经历过患难的婚姻就像陈年的美酒，历久弥香。

生病与怀孕，难以避免的伤害

上帝的报复

上帝创造了亚当和夏娃，但是不让他们获得爱情。他们听从蛇的诱惑偷吃了禁果，陷入爱情，却失去了永恒的生命，被上帝贬为普通人。

伊甸园里的永生尚且可以被剥夺，何况凡人呢？

当性成为一场游戏，参与其中的男男女女除了取得自己想要的东西，也不同程度地付出了代价。染上可怕的性病甚至艾滋病，便是上帝最大的报复。

性病，俗称"花柳病"，是古代流行于风月场所的一种疾病，难以治愈。古代缺乏必要的防御措施，致使下等妓院中性病流行。而当20世纪60年代避孕套发明之后，性病与艾滋病反倒蔓延开来，并逐年呈递增趋势。每年上升的数字背后，是无数患病的人悔恨的泪水。

长春青年张君，出于好奇，和一位女网友发生了一夜情。本来以为一个晚上的放纵没什么大不了，张君却因为这放纵染上了非淋菌性尿道炎，开始了与疾病斗争的生活。每个月，张君需要付出将近八千元的医药费，自己的积蓄很快用光。囊中羞涩，张君只好张口向父母要钱，却不敢告诉他们自己要钱的真正意图。半年过去，张君的病虽初步治愈，却被医生警告时时有复发的危险……

张君其实还算幸运，毕竟性病虽难除根，尚不致成为绝症。而武汉的艾滋女生朱力亚就没这么幸运了。在与巴哈马男友的交往中，她染上了人人谈之色变的艾滋病，生命的树枝第一次发出了清脆的断裂声。

大二时，她的男友回国后被查出艾滋病，而她，也在随后的检查中被确认为艾滋病毒携带者。大学生活仅仅开始了一年多，她就在2004年的春天里迎来了自己生命的寒冬。

由于与男友做爱时忽视了安全措施，朱力亚不可避免地被传染。而这，也成为她被学校孤立的唯一原因。

朱力亚是中国高校中第一个站出来公开承认自己是艾滋病毒携带者的大学生。之所以这样做，是想唤起社会对青年人健康教育的重视，并且让人们了解艾滋病，消除对艾滋病人的歧视。

在她和社会的努力下，现在的中国对待艾滋病的态度和五年前相比，有了很大的改善。朱力亚应该感到欣慰。然而她为性付出的代价，却是自己的青春与衰弱下去的生命。这是不是太大了？

天使的哀怨

为了所谓的爱情，不采取安全措施就做爱，一旦怀孕，最直接的选择便是流产。而流产会使子宫壁变薄，女孩为此付出的代价可能是终身不孕。也就是说，她为了一时的"爱情"而放弃了一生做母亲的权利。

据报道，如今在妇产医院接受人流手术的，14～18岁的女孩子的比例逐渐上升。人流手术逐渐低龄化，这不仅基于青春期少男少女的无知，还缘于他们对彼此缺乏基本的责任。

曾有一家报纸报道，在一所医院的人流手术室外，有三个男孩子争执到底谁才是女孩子腹中生命的父亲，以此来决定谁来付医疗费。而躺在手术床上的女孩子，对此却无动于衷。笔者被这个女孩子的麻木震惊，也为健康教育的缺位感到遗憾。

怀孕与生育是上天赐予人类的最美好的东西，因之人类才能够繁衍子嗣，延续生命。热恋中的男孩女孩，如果非要寻求性爱，大可采取一些安全措施，比如避孕药、安全套，本来不必让女孩子在毫无防备的情况下成为一个准母亲，然后选择流产。

现行的流产方法大致分为两种：药物流产和人工流产，后者较为常见。而人工流产所采取的手段中，刮宫术最为常见。顾名思义，就是用手术器械将子宫里的胎儿及其他组织强行剥落。单是写着这些文字，笔者已觉得手心发冷。不知那些以柔弱的身躯承担这种手术的女孩子，一旦受到这样的伤害，还有什么能够弥补她们的心灵？

还在上大学的时候，女孩林园便结识了长自己三岁的男友刘曦。当时的刘曦开着自己的小餐馆，进进出出俨然一副小老板的样子。林园认识他没多久，便被刘曦的甜言蜜语所打动，不仅成了他的女友，还搬出宿舍，住到了刘曦家中。

每次做爱，刘曦从来不用安全套，林园好言相劝，刘曦从来不听。无奈，为了避孕，林园只好自己去买避孕药，还总是在生理周期到来的前几天担惊受怕，唯恐自己买了假药。

担心的事情终于发生了。一次做爱过后，两人均疲惫至极，倒头大睡。第二天醒来后，林园又忙着赶作业，忘记服药。一个月后"例假"不至，她怀孕了。

惊恐之下，她去做了人流手术，被那些冰冷的钳子镊子搞得几乎精神崩溃。她不愿再让刘曦碰自己，哪怕是过了手术的恢复期。没有性的感情总难以维持长久，林园终于搬出了刘曦的餐馆，但这次手术对她的伤害却不是搬家所能够弥补回来的。

笔者在采访中接触过很多这样的案例，我想对处于性欲中的年轻男、女说一句，为了你们的身体与责任，请千万采取避孕措施。

当然，并不是只有大学生才有一夜情、未婚同居等现象，大学生的性生活只不过是当今社会思潮的一种真实反映。事实上，成人世界中的性活动尤其让人眼花缭乱并值得世人高度警惕。

权色交易和性交泛滥

没有人否认中国城乡均有暗娼存在。

中国是个人口大国，人口流动在世界堪称第一。现有的经济格局和社会发展使得城市中流动人口大为增多。这些人中既有抛妻舍子进城务工的中年农民，也有就业无着、飘移不定的青年男女，更有成千上万的前卫大、中专学生群体。巨大的性需求和巨大的性资源使得各种性滥交和性交易成为可能。

二十多年前，婚外恋还只是名词，现在它对一些人来说已成为常态。除此之外，一夜情、多角恋、同性恋人数大为增加，伴随而来的是性病的高发和艾滋病患者的人数猛增。

上个世纪六十年代，避孕药被人类广泛应用。避孕药的产生不但解放了女性，而且改变了人类的整个性格局，它使人类的性行为不再和生育产生必然的联系，而更多的承担起欢愉的功能。偷情不再担心东窗事发，而性行为的绝对时间也大为延长。

正当人类为避孕药发明带来的性解放而欢欣鼓舞时，艾滋病呼啸而至。

艾滋病也产生于上个世纪六十年代，几乎和避孕药同时诞生。艾滋病的到来为不洁的性行为敲响了警钟，也为性解放的欢呼者心中投下了阴影。

上帝以独特的方式警告人类：不可纵欲过度。

可惜，这种警告并不为大多数国人所重视。他（她）要么蒙于愚昧，要么囿于放荡，在侥幸和刺激的驱使下，任凭自己的性欲随同物欲横流而丝毫没有道德约束感。

以2008年年初发生的"艳照门"事件为例，我们可以进一步的剖析民众在性领域的道德底线。

首先可以肯定的是，这样的案例绝不只是发生在艺人和腐败官员身上，普通民众中，这样的行为也屡见不鲜。

我个人认为：这起事件中的男主人公和谁性交完全是个人隐私的事，拥有性伴侣的数量和性交的频率也完全是个人的隐私而绝不涉及道德范畴。

但在这起事件中有三个问题需要澄清：

一是男主人公众多性伴侣中有无婚配之人？如果没有则无关道德；如果有，则事关婚姻道德，因为它可能伤害到了第三方的利益（除非第三方对此认可或支持）。

二是男主人公和众多女性伴侣之间的性行为是先后承接关系还是同时并列关系？如果是先后承接关系则只表明男主人公旺盛的性行为而无关道德；如果是同时并列关系则关乎道德问题，因为它妨碍和影响了女伴对性资源的独享权和彼此对性行为的知情权，破坏了公平的原则（除非众多女伴彼此知情并表示认可或彼此心照不宣）。同时，这种并列的性行为事实上已形成滥交，它极有可能引发性病并波及无辜，这同样涉及性道德问题。

三是男主人公和众多女伴之间的性行为只是一种个人身体和精神之间的愉悦行为还是存在着某种利益交换？如果只是身体、精神的愉悦则无关乎道德；如果彼此之间存在钱色、权色和某种利益的交换（即性行为在这里充当了商品的角色），则事关性道德。

我相信，"艳照门事件"只是国人性行为真实表露的冰山一角。事实上，和三十年前相比，中国人的性观念跨越程度远远超过了同时期经济发展的跨度，许多性行为模式就连见多识广的"欧美人士"也为之咋舌。

上个世纪六十年代，随着经济的蓬勃发展，美国曾掀起"妇女解放热潮"和"性解放运动"。同居、群居等淫乱事件层出不穷。但随着艾滋病的蔓延，美国人重又发起"回归家庭"运动，规范和节制人们放荡的性行为。

中国有句古话："饱暖思淫欲"。随着经济的飞速发展，人们的性行为也日趋活跃；随着现代科技的进步，人们的空间流动和交流也日趋增多，性行为的频率也随之增多和加快。据记录，美国NBA前辈张伯伦一生曾和2万名女性有过性行为，现代巴西足球明星罗纳尔多在短短十年间女友换了近二十人，而与之有过性交往经历的名媛淑女达200多人，不知名的则不计其数。避孕药的发明直接延长了人类尤其是女性的性交往时间；现代建筑和科技手段则为人类提供了更多的私密的可供性交往的空间，所有这些，都使人类的性活动进入一个空前活跃期，而人类对性道德的遵守和追求也显得十分重要和珍贵。

时下的中国无疑进入了性行为的空前活跃期。按照性行为的模式可以将国人的性活动分为以下几类。

一是婚姻内的夫妻性行为。

二是婚外性行为，包括事实上或隐形的较为固定的一夫多妻或一妻多夫。

三是隐形的性职业工作者，这些人群数量庞大，一般分布在宾馆、酒店、俱乐部、按摩中心、发廊等处。她（他）们直接以色换钱。

四是非职业的性交易者，如贪腐官员的"情人"、商人的"二奶"等权色交易、钱色交易。他（她）们的性行为非常明确，即以色为媒进行"易货贸易"。

五是性开放观念的倡导者和实践者，如"网络情人""一夜情""办公室恋情"、大学生情侣，他（她）们的性行为基本上不以婚姻为目的。

六是婚前性行为或未婚同居者。

七是各种变态的性行为人群，如同性恋、双性恋、乱伦、群奸群宿、夫妻交换、人畜交配、鸡奸、强奸等，这些人群的性行为一般以发泄性欲和追求刺激为目的。

如果国人频频突破性道德底线，则可能引发灾难性后果。

关于国人的性道德底线，我以为至少有四条：

一是性安全。即不能因一方的不洁或不慎的性行为给对方带来痛苦，如传染艾滋病、性病，女方非志愿怀孕等。

二是性公平。即双方独享对方的性资源或双方占有对等的性资源（除非一方主动放弃）。

三是性知情权。即双方彼此对对方占有性资源的情况清楚明了。

四是性的非物质性。即双方的性行为不以权色交易或钱色交易为目的（以性作为报恩方式不属于这一种，它虽属自愿但仍属于一种"物质交换行为"）。

以此来衡量国人的性行为，则很多人可能已经突破了性道德的底线。

虽然没有权威的"关于中国人性伴侣数量"的调查统计数字，但可以肯定的是：国人现在的平均性伴侣数量和三十年前相比肯定是大为增多。这是我们不能不正视的事实。

如果有越来越多的人频频突破性道德底线，则可能导致三个方面的灾难性后果。

一是性病、艾滋病患者人数越来越多，危及国人生命安全。

二是性交易成为一种普遍现象，助长人们的拜金主义，使性完全沦落为商品，性行为堕落成为一种商品交换而失去了它的愉悦功能和美学意义。

三是因不道德性行为而引发的家庭纠纷、民事、刑事甚至恶性案例增多，使构建和谐社会的阻力增大。

中国历史上的明帝国既毁于政治腐败也亡于人欲横流。

明朝中晚期是中国历史上性开放最为彻底的时期。"一日受千金不为贪，一夜御十女不为淫"是那个时代的真实写照。性药、性具流行，春宫画、房中术猖獗。《金瓶梅》等一大批淫书和"秦淮八艳"等一大批名妓是那个时代的象征。

中国两千多年来第一例梅毒患者就产生在明朝的成化年间。而成化年形成的肉欲横流现象则起源于明朝开国六十年之际。当时明帝国在经历了朱元璋和朱棣时期的禁欲之后开始"拨乱反正"。性观念变得越来越开放，性行为变得越来越放荡。妓院横行，暗娼丛生。《金瓶梅》中的西门庆是那个时期的典型代表。这部成于明朝，名为写宋实为写明的小说将那个时代的性现状描写得淋漓尽致。西门家族的灭亡实际上就是由肉欲横流而导致。所以，从某种意义上说，明帝国既毁于政治腐败也毁于人欲横流。

对照历史，我们不能不警醒。

第十七章　旅游的学问

中国正在成为旅游大国，而深度游、自由行、专业游将成为未来的旅游趋势。

第十七章 旅游的学问

　　旅游的经历人人都有，但未必人人都会旅游。有人讽刺国人的旅游情景是："上车睡觉，下车撒尿；到了景点忙拍照，回家一问什么都不知道！"……旅游中有探险、有猎奇、有发现、有休闲、有体验、有思考……而这些对大部分旅游的人来说却很可能未曾体验过……

　　若被问及心目中理想的生活状态是什么，大多数中国人都会不假思索地告诉你：有钱有闲的时候，牵着老伴的手，到像铁岭一样的"大城市"走一走。

　　开个玩笑，不过旅游确实是人类骨子里钟爱的东西，甚至颇为精神压力过大、生活节奏过快的现代人渴求。

　　2008年7月，我曾与朋友老王一家结伴到厦门旅游，酷暑难耐的老王一下飞机便一头扎在宾馆中不愿出来了。老王的女儿提议去鼓浪屿玩一下，老王犹豫了半天，还是来到了码头前。刚踏上鼓浪屿，看着蜿蜒向上的山路，老王又打起了退堂鼓，想在下面坐着等我们。好容易上到山顶，老王急忙推搡女儿："趁现在人少，我给你照张相！快点！"而后又指挥女儿给他在左边照一张，右边照一张。一路上，老王对照相的兴趣一直大于对景物的关注，对南普陀寺、胡里山炮台、集美学村等著名景区也只是蜻蜓点水般瞟一眼，一边高呼"太好了太好了"，一边催我们赶紧到下一个景区。老王的女儿一直倾慕于厦门大学的优美环境，老王却以时间太紧为由，打破了女孩的憧憬。其实厦门大学就紧挨在南普陀寺的旁边，驱车路过厦大门前时，老王安慰女儿："我看厦大也就那么回事，没什么可照的。"老王的女儿偷偷向我抱怨，说爸爸一点儿不会旅游，就喜欢照相，典型的"到此一游"型。归程时，老王兴奋地向我数了他已经去过世界上哪些国家，再问他都看过什么景物，也只说出个大概来；问他都有什么感受，老王只是大叹："国外的空气真干净。"不过尔尔，再问不出别的来。临别，老王重重拍了拍我的肩，承诺给我寄照片看。

应该承认，这趟厦门之行并不美好。看着一脸苦笑而去的老王的女儿，我也颇为无奈，中国大多数人的旅游生涯大抵如此。难道旅游仅仅是"走一走"吗？难道旅游的快意仅仅存在于数量的累计吗？难道旅游的记忆仅仅存在于照片中吗？我们为什么要花钱花时间去旅游？我们究竟能从旅游中得到什么？富裕起来的人们呵，我们会旅游吗？

中国人不差钱

刘晓出国前，公司整个楼层的同事们都跑来了。不是告别，而是托她代买各种奢侈品。刘晓回来后，同事们匆匆赶来办公室，拿着各自的礼物鱼贯而出，几乎没有人问问她旅行如何。不知从什么时候起，在中国人的词典里，"旅游"已经变成了购买纪念品的代名词，尤其是"轰轰烈烈""大包小包"的出国游。

2008年肇始的经济危机，坚挺的人民币又一次让中国人体验到了"不差钱"的快感。据新国旅旅行社负责人介绍，因为世界经济环境不景气，不少国家和地区的货币贬值厉害，导致与团费相关的机票、房价、景点门票、餐费等成本无形中降低。例如，以往欧洲游的报价往往在一万五到两万元间，金融危机后，这一价格跌了差不多1/3以上。

在北京，2008年8月报价曾一度达到1.4万的"欧洲全景十国13日游"线路，2009年的报价仅为9000多元。再加上欧洲国家希望通过旅游缓解经济危机带来的困局，也在通过打折促销、提高团队旅游质量、增加服务项目等方式吸引境外游客。因此，2009年的境外游非常火爆。春节前后，一些大旅行社纷纷推出欧洲购物团，"血拼"字样成为最直接的招揽符号，使更多的游客得以依托旅行社满足自己到欧洲购物的欲望。

对此，《南方周末》刊发了一则非常有意思的报导：《跨国血拼：中国人不像有经济危机？》

"王齐是1月22日到达伦敦，把自己的春节安排在伦敦，就是为了购物。1月24日上午10点，同样站在Selfridges百货公司门前，王齐突然觉得自己是在上海呢，'大街上到处都能听到中国话，到处都是中国人在排队抢购。'

Selfridges百货公司主要销售的，是被视为奢侈品的世界顶级服饰品牌。面对动辄万元的单件商品，'大家都像买白菜一样，甚至不像是在买，是在抢。'

……

香港成了这股浪潮的又一个直接的受益者。2008年12月底，李冉和朋友想到香港的亚洲LV旗舰店逛逛。但保安说，人满为患。后来进去了，店里满是来自中国内地的"血拼客"。

在全球性经济低迷的大背景下，岁末年初的香港购物游客量不降反增。统计显示，2009年1月份赴港旅游人次与往年相比，增长了40%左右。而来自内地的中国血拼客们占去了大比重。

……

中国血拼客队伍甚至出现在了欧洲一些机场的免税店。1月22日去伦敦的航班上，空姐就提醒过王齐，如果要在伦敦的希斯罗机场购买香烟，一定要早去。王齐以为空姐开玩笑，没在意。2月初回上海的时候，路过免税店，果然发现有同胞在排队。轮到她的时候，服务员说，整个店子，就剩下7条香烟了。

这些中国血拼客表现出了强大的购买力。'像蝗虫一样。'王齐说。她的一些到米兰、巴黎等地旅游的朋友，发现那里也和伦敦一样。2008年圣诞节前夜，一位中国旅客在巴黎戴高乐机场商店一口气购买了近5万欧元的法国红酒，成为法国媒体的热门新闻。

……

1月25那天，王齐坐火车去牛津的outlets（品牌直销购物中心）购物。她发现火车上几乎全是中国人，'就像春运一样。'

……

借经济危机下汇率震荡到国外血拼，兴盛于2008年10月份。一些时尚杂志开始开辟血拼专栏，提供国外奢华品购物指南，介绍各国的名牌、大卖场。

……

在目前的经济背景中，国人的跨国血拼，被一部分人称作'看中国游客花钱的样子，不像有经济危机'。来自日本媒体的报道称，春节前后，中国客在日本的一次旅行平均消费为20.45万日元，其中中国客个人购物最高达330万日元，居各国之首。

……

已经有不少西方媒体感慨，这轮经济危机中，真的'只有中国才能救世界'。"

正如中国旅游协会副会长吴文学在《第三届中国出境旅游国际论坛》上所说，中国已经成为亚洲增长最快的新兴客源输出国，出境旅游的快速增长已经受到世界各目的地国家和地区的广泛关注，中国出境旅游的发展正在改变亚太和世界旅游的格局。

回顾来看，中国公民出境旅游市场形成的时间不长。十几年前，基本只是赴港澳探亲的旅游，人数也不多。1992年中国出境总人数仅

292.87万人次，大部分为公务出访组团的人。进入21世纪以来，随着中国国民经济的高速发展和人民生活水平的不断提高，中国出境旅游市场呈现出旺盛的需求。2001～2004年，国内旅游、出境旅游和入境旅游三大市场的年平均增长率分别为10.8%、29.3%和7.3%。2003年受非典的影响，国内旅游市场和入境旅游市场均出现了负增长，只有出境旅游市场仍保持了21.80%的增长率。由此可见，出境旅游市场的增长率远远超过了国内旅游和入境旅游，成为增长势头最猛的旅游市场。

据国家旅游局的统计数据，2001年，中国公民出境总人数为1212.31万人次，其中，因私出境人数为694.54万人次。2004年，中国公民出境的总人数上升到2885万人次，其中，因私出境的人数为2298万人次，分别比2001年增长了137.98%和230.87%。2001年，因私出境的人数占出境总人数的比重为57.29%，2004年，这一比重上升为79.65%，增长了22.36个百分点。2005年，43%的高增长率使中国出境旅游人次达到3千多万。

一位网友通过调查问卷的方式，对前往日本、新加坡、马来西亚、韩国、澳大利亚等我国公民出境游主要目的地国家进行了消费项目的抽样统计和分析，发现购物消费已成为境外游的主要消费项目。据调查，我国的出境旅游者在境外的人均消费为8879元人民币(不包括飞机票、酒店和参加旅游团所包含的其他费用)，其中购物消费占71.2%、娱乐消费占12.9%、参观游览占11.6%、餐饮消费占1.2%、其他消费占3.1%。可以看出，购物和娱乐消费远高于食、住、行、游等基本旅游消费，据了解，2006年中国游客的每人次出境游平均购物支出为928美元，其中在香港为772美元，在欧洲为1408美元。另据visa的统计，中国公民在外旅游单笔消费平均全世界最高。

纵观中国近几年的高速发展趋势和百姓日渐转变的消费观念，不难预测，国人对旅游的热情将持续增温。联合国世界旅游组织秘书长弗朗西斯科　弗朗加利甚至认为，到2020年，中国出境旅游总人次预计达到

1亿之多。

中国人虽然富了，有钱出去走一走了，却又似乎陷入了"不知道怎么玩"的困境。拿陕西寺庙旅游为例，马来西亚克切拉媒体出版社资深编辑邱佩芬和同事一行四人异口同声地认为，在所有可能出现的不文明旅游行为中，"随地吐痰、乱扔垃圾、大声喧哗"的行为让他们最不能接受。　同行的游客詹启舟说："前些天在一处寺庙旅游时，看到那里卫生条件很差，垃圾就堆在那里，也没人清理，结果越扔越多。"游客张俊仁说："在佛教圣地不应大声喧哗，应保持低声，在僧人做法事时，更应保持肃静，也不能随便拍照，但是有一些游客却做不到这些。"　詹启舟还说："佛教圣地本应庄严肃穆，但是寺庙到处商铺林立，本身商业味很浓，加上游客乱扔垃圾，大声喧哗，圣地的感觉荡然无存。"我的大学生朋友小李也谈到了对于国内游的反感，某次五一她随家人参观苏州拙政园，人流造成的闷热气息几乎令人窒息。据她描述，园子里的情形可以用摩肩接踵来形容，抬眼看见的都是后脑勺，低头看见的都是移动中的腿，人流推着她不由自主地前进，似乎一会儿便被挤出园子了。"我至今都不知道在里面看到过什么，只记得入园前古朴的外墙上白底黑字的园林介绍，唯一的照片是在花丛中，无数人站在我周围，对着妈妈手中的相机笑。"

2008年国家取消了"五一黄金周"，理由之一就是密集的人流对交通及当地接待能力造成的巨大压力。不知从何时起，"旅游"成了花钱买罪受的代名词。自助游可能花冤枉钱，而旅行社安排的"海南三亚双飞七日四星经典休闲游（含南山等11大景点）""欧洲10国超值13日游"……高密度的行程安排又难免让我们产生赶场的疲劳感。就算一个景区可以玩上一天，算上堵车、排队买票、安排购物、吃饭等待时间，真正留给我们欣赏自然人文之美的时间又有多少呢？而在国外，中国人也因为旅游遭遇了新的"屈辱"，大声喧哗、不讲公德、乱穿马路、喜欢扎堆购物、不给小费、乱拿宾馆东西、不爱惜公共财物、乱扔垃圾、吃饭浪费、逛红灯区与赌场等行为，使某些国家甚至在景区特意挂上提醒中国人讲文明的中文标示牌。近几年甚至发生了绑架中国游客的恶性事件，而这一切恰因为中国人不会旅游。我们的旅游观念发生了问题。正是我们自己塑造了外国人心目中的"暴发户"形象。

东西方，大不同

法国以休假多而出名，普通工作者每年享受4到5星期的带薪假期。每年7月下旬到9月上旬是法国全民度假期，绝大部分法国家庭外出旅游，许多小城镇因空无一人而变成"幽灵之城"。

法国人旅游重质不重量。由于法国多数风景区内都有名胜古迹，多数法国人已养成"每次出游必有主题"的良好习惯，或寻访印象派大师的绘画之路，或学习4大葡萄酒产区的酿酒工艺，或了解波旁王朝的辉煌与没落，或追寻拿破仑从贫民到皇帝的传奇经历，或到卢瓦尔河谷参观"国王谷"的城堡。在感受山河秀美的同时，他们每次旅游都会对法国历史、文化和社会变迁有进一步认识。在各大旅游景点，常见大人不厌其烦地向孩子介绍当地在历史上曾发生的动人故事。游玩之后，多数法国人人会与家人或朋友一起，找个有特色的餐馆，聊聊行程中的见闻，直到深夜。

2007年7月，美国度假旅行预订网站FunJet对普通美国人度假趋势做了一次新的调查，研究发现，教育形式的度假与深度旅行是两种旅游趋势。据了解，美国人的理想假日分别是：海滩日光浴（54%）、文化旅游（51%）、探险旅游（41%）、温泉游（19%）、博采（19%）、品酒（18%）、高尔夫（8%）。

邻国日本与中国的出境游规模相当，其国民出游率占人均GDP的14%，但其旅游模式也明显迥异于中国人。日本人出国旅游的目的主要分为5大类：65%为观赏自然风光、56%为购物消遣、47%为参观历史文化遗迹、41％为美食娱乐、33％为参观美术博物馆、商务旅行约占12％。虽然日本人的购物目的占到了达56％，也远比中国人的72％少得多。而在赴中国、欧洲的游客中80％人的目的是参观历史和文化古迹、64.3％是自然风景观光、44.6％是参观美术馆和博物馆、观看戏剧、表演、音乐会和电影的占17.9％，这似乎都让中国游客自愧不如。

据统计，二战之后，1960年到1980的20年间，国际旅游人数增长了4倍，国际旅游总收入增长了13倍，平均年增长率分别为7.2％和14.1％，大大高于同期世界经济年增长率。1990年全世界国际旅游人数为4.15亿，为1980年的1.48倍。整个80年代，国际旅游人数年增长率达到了4％，仍高于同期世界经济年增长速度。进入21世纪，英国人出游率占到人际GDP的97％，德国占96％，均远远高于中国；而法国出游率占人均GDP的28％，美国为22％，在2005年被中国埋头赶上。中国人并不缺乏旅游的热情，只是在方法上还不得要领罢了。

在旅游方式上，老外们与中国人的心态大不同。中国人最缺乏的就是"深度旅游"。与我们"等我有钱……等我有闲……要踏遍世界每个角落"的雄心壮志不同，西方人更注重旅行中"心"的体验，一次小小的森林公园野餐之旅也可让他们回味许久。最近，西方世界兴起了一系列崭新的旅游方式，说来令人忍俊不禁。"小说旅游"是德国一种特殊的旅游方式，文学爱好者们组成旅行团，沿着小说主人公的足迹，游历书中描写的各个地方，身临其境地体会书中人物当年的感情。在法国，"学艺旅游"掀起了新的风潮，游客们可以在旅游地学习制陶、编织、纺织、雕塑、淘金、织壁毯、吹制玻璃器皿等技术，在游览美丽风光的同时也掌握一门技能。在日本，年轻人更喜欢"劳务旅游"，旅游者在旅游区个人付出劳务，一方面赚些旅费以延长逗留时间，游览更多的地方；另一方面通过参加工作可以接触社会普通民众，从而更深地了解当地的风土人情，一举两得，不亦乐乎。而在美国，有不少人组团参观已故好莱坞明星的坟墓，追忆心中的偶像。

其实不必抱怨中国旅游市场超载云云，只要有心有意，一样可以花很少的钱，很少的时间，感受最大的幸福。只是这一切，皆须源自"心"的转变。

一场风花雪月的事

其实，越来越多的年轻人已经意识到，旅游是"我们与大自然的恋爱"。他们自称"驴友"，摇身变为背着背包，带着帐篷、睡袋穿越、宿营的户外爱好者。驴友们自己安排衣食住行，自备旅游用品，旅游的目的也从欣赏购物，转变为拥抱自然、挑战自我、锻炼团队合作精神等。可以说，一般旅游与驴友们的差别主要是精神层面上的。正如一位网友写到：

在旅途中，你会看到驴友们身着朴实衣着、背负大背包、扛着摄影机，入乡随俗，低调地与当地人打交道，他们能获得更多的感受；旅行结束后，他们又以独特的视角把沿途记录的所见所闻，用相片、文字等方式展现在大家面前，通过这些载体，你能感受到她不同的心灵和人生感悟。所以说，"驴友"更是一种需要精神支持的生活方式。是不是"驴友"没什么关系，是"驴友"也没什么特别的，不要把"驴友"当成时髦概念，与那些没有本质联系的事物连在一起，那样只会成了"皇帝的新装"一样的笑柄。

驴友可大可小，也许你的财力、时间根本无法支持半个月的自助旅行，那么便不妨做做小驴友，虽然参加随团游，但保持独立的旅游心理。你可以事先查询关于旅游地风景及习俗的相关资料，了解旅游地哪些风景尚不为人熟知，了解当地居民忌讳什么，什么样的食物非品尝不可，什么样的小街是本地人必须逛的……然后在旅行团组织购物或自由支配时间里，自己给自己来个深度游。旅游不像看病买药，无论你怎么看书都无法达到对病理和药性的了如指掌，仅仅花几个小时看书、上网、询问驴友，你便可以和导游知道的一样多。

没有掌握足够的旅游信息的后果很严重。2008年7月11日，一位误入朝鲜军事禁区的韩国游客被朝鲜军人开枪误杀。而在此之前，一位到美国旅游的日本游客，误入私人花园游乐，在主人多次警告未果后，终被开枪射杀。而在世界其他角落，每天因误食当地有毒花果造成食物中毒的游客不下百人。其实，足够的旅游信息不但可以保证你的人身安全，还能带给你不一样的旅行体验。唯有知道了故宫昔日的繁华与萧条，你才能站在朴拙的古地砖上，想象古时太监和大臣们匆匆走过时扬起的纤细沙尘，才能在斑驳的红墙上摸到灼热的历史，才能在珍妃井边寻找一滴女子的清泪。否则，故宫对于你，只是一座摆放着奇珍异宝的园子而已。唯有知道了西藏的历史与气候，你才能感悟于布达拉宫的苍凉与雄伟，感动于它室内格局的精巧；才能跟从还愿乡人的脚步，从山脚走到山顶，感动于他们一步一磕头跪拜佛祖的虔诚，感动于藏民放达的外表下，那一丝羞涩的温柔与细腻；才能感喟于青藏铁路的魄力与奇雄，感动于铁路工人冻红的面庞，感动于保护藏羚羊的愿望，感动于那一脉贯通的壮美山河。唯有知道了苏联时代的起落，你才能站在红场上，面对糖果屋一般的城堡，想象军人们齐唱着"别了，亲爱的妈妈"走过这里的模样，他们去保卫斯大林格勒，也许再也没有回来。唯有知道了非洲草原季节对比的强烈，你才能感叹于动物适应生存的能力，感叹于阳光下和黑夜中明晃晃的杀戮，感叹于自己的心情"清澈地如同草原旱季的蓝天"。

也许你已经忘了，或者不曾注意到，中学地理课本其实已经教过我们如何旅游：一、选择观赏位置；二、把握观赏时机；三、抓住景物的特点；四、领悟自然和人文的和谐；五、以情观景；六、做好观赏前的准备工作，把握好观赏的心理节奏。一番说教未免生硬，却告诉了我们一些观赏的基本要领。它告诉我们，旅游不是去吃、去购物，而是去欣赏，欣赏景物，领悟和谐，调节自己的心情。将自己融入自然。

关于旅行的心情，古时的文人骚客似乎比我们更加浪漫。对他们来说，时间、金钱、距离、性价比都不是问题，感怀山水、驰骋心志才是旅行的意义。

好孤独者，有如谢灵运的《登池上楼》：

潜虬媚幽姿，飞鸿响远音；薄霄愧云浮，栖川怍渊沉。进德智所拙，退耕力不任。徇禄及穷海，卧疴对空床，衾枕昧节候，褰开暂窥临；倾耳聆波澜，举目眺岖嵚。初景革绪风，新阳改故阴；池塘生春草，园柳变鸣禽。祁祁伤幽歌，萋萋感楚吟；索居易永久，离群难处心，持操岂独古，无闷征在今。

历来人们只道这首诗抒发了谢翁失意颓唐的情怀，却不知道其中因为旅行而引发的心情转换。因病而昏睡了一个冬天的谢翁，在早春的微风中，披挂着衣服，喘着粗气登上湖边的小楼。举目远眺，才发现春已经来了，满园都是生的气息，"池塘生春草，园柳变鸣禽"。在对比自己终日郁结而造成的身体及心理上的萧索，不禁感叹于古今，"持操岂独古，无闷征在今"，心理上也开始适应初春的暖意了。一次小小的登楼旅行，便让谢灵运感悟颇多，甚至发现心境豁然开朗。一次家庭野餐，一次班级春游，一次周末远足……花费不在多，距离不在远，风景不在胜，重要的是，有心则灵。

好热闹者，有如王羲之的《兰亭集序》：

夫人之相与，俯仰一世。或取诸怀抱，晤言一室之内；或因寄所托，放浪形骸之外。虽趣舍万殊，静躁不同，当其欣于所遇，暂得于己，快然自足，曾不知老之将至。及其所之既倦，情随事迁，感慨系之矣。向之所欣，俯仰之间，已为陈迹，犹不能不以之兴怀。况修短随化，终期于尽。古人云："死生亦大矣！"岂不痛哉！

一群好友浩浩荡荡地跋涉远足，捧来清冷的溪水洗洗脸，然后在溪上的亭子中把酒言欢。酒酣梦醒时分，大家站在山头，感受着阳光的爱抚，不禁大呼过瘾："当其欣于所遇，暂得于己，快然自足，曾不知老之将至。"

好追思者，有如唐人崔颢的《登黄鹤楼》：

昔人已乘黄鹤去，此地空余黄鹤楼。黄鹤一去不复返，白云千载空悠悠。晴川历历汉阳树，芳草萋萋鹦鹉洲。日暮乡关何处是，烟波江上使人愁。

黄昏时分，登楼远眺，眼前是滔滔的长江水，耳边却是盈盈的归鸟声。这样的景色是否让你想起了老家已经凋零了的小院，在那里你度过了人生的最初六年。这样的景色是否让你想起爸爸妈妈，你在外玩了这么久，是不是忘了给他们打个电话？这样的景色是否让你想起了初恋的离别，隆隆的水流声，就像你昔日破碎的心，一泻千里却再也不能回头。

其实，"旅游"的诗化是"旅行"。从拿起行李箱的那一刻起，你变成了一个行者。你也许跟着旅行团来到了大理，当同伴去挑选银镯子时，你偷偷塞给路边红脸膛的小孩儿一个冰激凌，便能换来一个世间最甜美的笑容和最清澈的感谢。你也许跟着旅行团来到了凤凰，当同伴在屋里打牌时，你偷偷溜出来，坐上一弯渔舟，到沈从文的吊脚楼下去看看，看看翠翠是不是带着她的黄狗，在河边向你静静地招手？也许你跟从旅行团来到了瑞士，当同伴去买打折巧克力时，你就坐在大街上，看着老奶奶晃晃悠悠地走过，看着年轻的妈妈亲吻她的宝贝，看着男孩们穿着轮滑鞋呼啸而过，看着女孩们纤细摇摆的背影，看着对面凉台上红艳艳的花朵。在那一刻，时间已经静止，你惊讶于外国人悠闲的生活。然后你整理好自己的行囊，准备再次踏上未知的征途。对异乡的黄昏来说，你不是个归者，只是个过客。也许你跟从旅行团来到了撒哈拉沙漠，当同伴忙着照相时，不妨溜到大街上，找个澡堂，亲身感受一下三毛提过的阿拉伯搓澡法，或者去找一找那个可怜的少女新娘。

其实，旅游只是一场风花雪月的事，不在乎时间的长短、距离的远近，它在乎的只是你的心。正如一些博友所说：

走马观花式的旅行未必不好，自己一个人抑或和家人一起，背上背包，踱步测量身处的城市或村庄，近距离感受当地人的生活和文化。旅行的意义在于体验在路上的心情，享受旅程中种种变化的风景。不经意间、猛然抬头时、街道转角处……或许隐藏着很多易被人忽略的风景。旅行的意义关键在于行者的心情，你是否愿意放慢脚步，细细捕捉美丽。

......

有旅行者曾这样描绘他眼中的西北：

当飞机缓缓挪动，一次西北之行也打开了序幕，几分钟后天空变得很亮，顺着光的指引我看到一大片湛蓝的天，云躲在蓝色的怀抱中，像少女依偎在爱人的怀中，这时的风都变得格外轻柔……被眼前的一切所吸引是因为我喜欢美好的景致，大，就要大的空旷——尽显包容；小，就要小的内秀——秀外慧中. 这绝不是什么奢求，因为这次的西北之行就是感受大大的沙漠、戈壁和连绵不断的巨大山峰，畅游间尽显大的气魄；当一切闯入你小小的心房，思绪也打开了所有的窗户……

目光投向车窗外，目及所处之地尽显生命本色，那是种让西部甩掉贫瘠的颜色。这里的人们的愿望——让黄河与黄土联姻，把他们生活的地方变成黄金之地。紧紧地依靠着贺兰山麓的这片平原让挽起裤腿的善良人们祖辈耕耘在这里，几代人的命运捆绑在牛背上造就了富饶的河套平原！走过了一座黄河大桥，绿色被黄色代替，在想想黄河真的是很伟大，它是分隔生命的界线，看不到农田、树林、只有黄色起伏的山丘，这些松软的黄土遇雨坍塌，遇风扬沙，条条不知道通向何处的小路，让你不由联想这片土地上执著的人……　今天旅行的主要目的是看沙漠中途目的地——中卫沙坡头。在沙坡头南部景区看到了诗人王维的塑像，不禁想起他的"大漠孤烟直，长河落日圆"，王维的诗太具穿透力，犹如最优秀的销售员几句话就点燃许多人的购买欲，诗的意境总让游客亲身体验一下。黄河两岸，一边是青山为伴的塞上江南，一边是遍野的漫漫黄沙，由于有包兰铁路从沙漠中穿过，勤劳智慧的中国人民发明了低成本的治理沙漠绝招"麦草方格"，并经过几代人的努力，铁路两边已都成绿地。跨过绿化带向北就可进入沙漠腹地，真实的大漠和想象中是一样的，不过不知道，王维写诗时，黄河岸边是否就是沙漠，站在一个恰当的角度，夕阳西下，黄河流淌着金光，远处的沙漠中有烽火生起，没有风······诗的意境也许是真实的，也许是作者创作的，但现在是很难看到了。大海是冷色的，但像喜剧，沙漠是暖色的，但却像悲剧，苍凉感与艰辛体验都能切近真实的生活，因而也照见自己的心灵。

······

旅游有时候不一定要到大景点，不一定要到人人都说好的地方去，旅游本来就是放飞自己那颗疲惫的心，只要自己觉得舒服，到一个自己向往的地方，可以随便找个地方好好感受就够了。找个地方，在那里放飞自己的心，让心灵去旅行。

像歌里唱的那样："把握生命里的每一分钟，全力以赴我们心中的梦；把握生命里每一次感动，和心爱的朋友热情相拥，让真心的话和开心的泪，在你我的心里流动。"旅行总是短暂的，但在有限的时间里体验到无限的乐趣，却是每个人都拥有的能力。随身携带一支笔，记录当下的心情和每一次旅行的小小感动；随身携带一个傻瓜机，记录下每一道动人的风景，记录下你在旅途中的每一个表情；随身携带一个瓶子，用它装上海滩的贝壳，长城脚下的沙土。这是属于你的青春故事，这是你与大自然的约定：背起行囊，让心灵去旅行。

第十八章 创业之路：三十而立

创业之难，在于创业之险；创业之美，在于创业之艰。

第十八章 创业之路：三十而立

并不是所有的人都适合创业，但创业对于青年一代却是一种难得的体验。创业不只需要资金和技术，还需要自己的人脉资源和管理团队；最主要的，创业不光需要激情和信心，还需要形成自己独特的商业运作模式。

创业是一个很有激情的词汇，但是创业本身却是个充满艰辛的过程。

我非常欣赏和鼓励年轻的一代人如有机会一定要投身到创业的热潮中，尤其是像我们这个到处充满机遇和想象的年代。

但是坦率地讲，抛去机遇、环境、家庭背景等因素的影响，由于智能结构的不同，并不是每个人都适合创业，或者说大部分人终其一生只可能为别人打工。尽管我们经常在报纸、杂志、电视中能看见许多创业成功者的事迹，但比他们人数多得多的失败者的案例人们很少能看到。

我非常赞赏有勇气的人都去尝试一下创业的滋味，但我必须提醒：创业之路风光无限却充满凶险。

耶鲁大学教授陈志武在他的专著中曾探讨过，究竟是"什么妨碍普通人创业"？他的论述可供创业者们参考：

个人创业在哪里都艰难，在中国做"民营"创业则更难。一方面，各类融资途径对民营企业基本都是关着的，银行贷款优先给国企，上市融资首先给国企，时下升温的企业债券融资也是只允许国企。另一方面，民营企业面对着众多行政审批壁垒。据最近的报道，国务院清理现有各类行政审批项目共4159项，第一批被取消的有800余项，但还会剩下3300余项。按照茅于轼教授的话说，我们中国人是世界上最不怕苦、最不怕脏、最勤奋的民族之一，可我们还是这么穷。为什么？"因为人们的劳动没有用在生产上，甚至用在了抵消别人劳动成果的努力上；更因为各式各样的浪费普遍存在，耗掉了社会巨大财富，可是每个人对此又无能为力。"

创业的门槛有多高

以各国公司注册、审批程序的过程为比较对象（如果一个国家的公司注册审批程序很长、费用很高、那么它对公司开业后的行政管理通常也会很多。由这种正相关性，基本上可从公司注册审批的难易看出在一个国家创业的难易）。在2001年的一份研究报告中，哈佛大学、耶鲁大学和世界银行的四位教授对85个国家的情况作了系统统计，算出每一个国家从开始注册公司到可正式营业平均必须走过的审批步骤数、完成全过程需要的天数以及注册申请费用。

在11个国家和地区中，从注册公司到开业平均所必经的审批步骤数，以加拿大最多（12步）、意大利最多（11步）。中国内地则需要走过7道关。这些步骤数是根据官方正式文件确定的，不包括那些随意增加的行政审批程序，从中国官方公布的注册审批程序看，在中国的开业步骤似乎是比上不足、比下有余。

可是，审批步骤数仅反映了书面文件的要求，实际运作的过程可能会长短不一，尤其是不同国家的政府机构效率千差万别。在这些国家（地区），从申请注册公司到开业平均需经历的工作日天数，加拿大最快（只需2天）、意大利最长（121天），在中国内地需111天。按每年250个工作日计算，在中国内地和意大利的企业者平均要等待半年左右才可注册好一个公司并开业。当然，这也是根据一般情况估算的，在具体个案中会因各种原因拖延，重复提供资料等使审批程序可能更长。

判断在一国创业难易的另一指标，是得到各种审批、执照所需支付的费用。这个数字很难精确计算，因为执照审批正是许多腐败、"寻租"活跃的地方。由于这些隐性成本无法估算，这四位教授只好根据官方公布的各种注册、执照申请与审批费用等作粗略判断。在11个国家和地区中，这些显性的注册审批费用不到其人均年薪的1%，而在中国内地这些显性费用是人均年薪的11%，在意大利占25%。

上面的数据表明，意大利在3项指标中都最高，说明它所提供的创业环境是这些国家中最差的。或许，这也说明为什么20世纪上半叶意大利往美国移民最多，使纽约等美国大城市出现一个个"小意大利"城。没有利民的创业环境，意大利人只好选择移民他国。

注册资金限制影响深远

注册资金是最重要的、也可能是影响最深远的创业壁垒之一。一个国家要求的公司注册资金越高，那些有好的创业理念但无资金的人就越不能进入企业者行列，穷人的子弟越是世世代代都成不了富人，这是维系贫民与贵族之间鸿沟的主要壁垒之一。

在中国成立股份有限公司的注册资金底线为1000万元（《中华人民共和国公司法》第七十八条），日本大约为82万元，在美国的注册资金底线为零，英国约为64万元，其他欧盟国家约为20万元。

这种创业壁垒看起来也简单，但它意味着在中国永远也出不了像迈克尔、戴尔、盖茨这样年轻的世界首富，也出不了像惠普、英特尔这样的传奇公司。戴尔电脑公司是戴尔上中学时在自己家车库做起来的公司，微软是盖茨上大学时创办起来的公司，两人均是普通家庭出身，并非富家子弟。如果这两位企业者当年是在中国，要成立自己的股份制公司，那么这1000万注册资金的要求将立即迫使他们止步。美国欢迎任何家庭背景的人进入创业者行列，无准入门槛。

在日本、英国和德国这些传统社会中，注册资金门槛远低于中国，但远高于美国。这至少可以从一个方面看到这些传统社会与美国的差别，前者更趋向于保留传统的社会阶层，平民永远是平民、贵族尽可能永远是贵族；而美国更愿意在制度机制上排除障碍，使每个人均有机会创业致富。

为什么要设立这么多壁垒

关于对行业准入、市场准入的行政管制，经济学中大致有两种不同的理念。第一种是庇古于1938年提出的"帮手"理论。也就是，无管制的市场时常会出现失败，比如会形成垄断、产生过多污染、在股市中上市公司会欺诈中小股东等等。行政部门通过行业准入许可审查，可代表公众把"不合格""不可靠"的人排除在外，是一只"帮手"。行政管制越多，给社会带来的效益就越大。

第二种是"抓手"理论。一方面按照斯蒂格勒1971年的论述，行政管制为行业的垄断企业而存在，已占据垄断地位的企业不愿意新手挤入，降低它们的既得利益。另一方面，按照施莱佛和维希尼两位教授1993年的论述，行政部门之所以很热心设立各种准入许可和其他管制，是因为这些过程给掌权人提供了"寻租"机会，可以"伸手抓一把"。

这两种理论中到底哪一种更符合现实呢？从前面谈到的四位教授的研究结果看，恰恰是那些行政审批手续越长、行政掌握的"质量"关越多的国家，产品和服务"质量"越差，假冒伪劣产品越多，市场上的诚信越缺乏，银行呆账越多。这些壁垒不仅没有带来意想不到的好处，反而创造了更多"寻租"机会，妨碍了人们创业。

在中国，民营创业的行政壁垒与政策歧视众多，是一个历史事实。我们可以认为保留它们是因为在中国"诚信缺乏"等等，不能随便让"不合格"的人进入这样那样的行业，行政部门必须通过行政审批把好"质量"关。虽然这种看法和做法是出于良好的愿望，但实际效果可能反而助长了诚信的进一步缺乏，因为当这种行政"质量"关更多地变成了"寻租"场时，谁还能把审批机构的承诺当真呢？

如果说上面的论述比较宏观，那么我这里再具体举例说明创业的不易。

2009年3月5日《南方周末》曾刊登过陈舒扬的一篇文章，题名叫"开个小公司怎么这么难？"大家不妨读一下：

离2009年春节还有一周的时间，王奇从广州工商局拿到了自己公司的营业执照，他准备过完年后开始出去跑业务。

王奇在一家弱电设备公司工作了4年，是公司是最熟练的工程技术人员。看到这个行业的利润很不错，便萌生了自己出来创业的想法。去年底，王奇辞去了原来的工作，开始着手创办自己的公司。

注 册

"我在广州有自己的房子，可是不能用来注册，得租个店铺或写字楼。而且店铺要经过租赁备案交租赁税。租赁税一次至少要交一年。"王奇发现，公司还没影的时候，就已经发生了一笔开支。除了租金，王奇还要自己承担租赁税，他告诉记者，租赁税严格说来是出租方出的，但自己了解到的情况都是承租方出。

"我完全可以在家里办公。可是注册之后不在里面办公，工商税务来查怎么办？"王奇想到更多的问题。

办营业执照之前的手续就让这名工程师晕头转向，各个单位间跑来跑去，租赁备案就办了七八个工作日。王奇开始发现一切比想象中的要难。

找不到合伙人，王奇决定以自己和妻子作为股东注册公司，他了解到，这样的有限责任公司最低注册金3万，但是自己所从事的弱电工程安装行业，注册资金跟资质审批有很大关系，"50万以下根本申请不到资质"，而资质的高低直接影响公司能够承接的业务。王奇决定投入50万作为注册资金。

银 行

按程序，王奇来到了银行开验资户，在工商银行，五百多元的收费也让他大吃一惊，"验资时间一个多月，还要交那么多钱，你说冤不冤？"因为手续准备不全，来来回回银行跑了多次。

大堂经理告诉王奇，银行有跟几十家代办验资业务的注册公司合作，如果找他们的话，办起来就快，个人来办就只能看银行的审批快不快了。王奇算了一笔账，如果找验资公司代办，要交1万块左右，自己去银行各种开户费用加起来近两千块，"去年12月二十几号开的验资户上个星期才把基本户办完。50万按活期算，这段时间怎么也该有一两千的利息吧。"王奇还告诉记者，很多公司都是虚假注资，像自己这样实打实的不多。接下来去办理验资报告，到了会计师事务所，出示了存款证明"盖个章，拿几页纸出来，一二十分钟搞定，收了五百多块钱。"过了五六天，王奇才拿到验资报告。

工商局

在工商局注册，填写业务范围的时候，又卡了壳。王奇在业务范围一栏里填写"综合布线"时，工作人员告诉他，布线属于通信管线，是需要前置审批的。"我问他给客户布一条网线要不要审批，他们说也要。我无话可说。"

王奇最终没有在业务范围里写明综合布线，"虽然其实我们还是可以做，但写明总是好一点。"还让王奇郁闷的是，在填写"设计施工维护"时，工作人员说不能写维护，只能写维修，王奇觉得维修不太对，但也只能写个维修报上去。

"后来去国税局报税时，因为业务范围内有维修的字眼，就认为我应该交增值税，后来地税局工作人员告诉我，2009年1月1日开始，我这种以安装为主附带销售的业务应该交地税，没有增值税。维修指的是大的工业设备，他们看到维修两个字，就死板地认为应该交增值税。我给人修东西，工商局又不给我写维护。我就只能零报税。本来没有这个业务，加上去双方都是负担。

1月16日，王奇终于拿到了经营许可证，从当初办租赁手续算起，已经过去了一个多月。这时他对公司的前景也不乐观了。

政府审批

"现在政府单位是块最大的肥肉，人人都想咬一口。"王奇告诉记者，做这一行，政府和事业单位的钱是最好挣的。然而这些单位招标对投标方资质要求很高。资质审批达不到级别，根本不用想做政府的单。

按照规定，最低的安防4级，也都要求很多个合格的技术人员。王奇想到，这样一来，自己很难做稍微大一点的项目，只能给小型的超市、商店做，然而这些小项目竞争激烈，他们价格上就挑剔，利润空间不大。

谈到资质审批，王奇有一肚子的苦水。

"政府这样做方便了政府机关的人，搞一个审批，资质过了就可以不管你了，平时不管，没有什么的指导，本身他们也不懂。所谓年审，就是把你的资料复印上交上去给他看，资料过得了关，也就过关了。根本起不到一个监督和监管的作用，反而设定很多门槛，让刚刚起步创业、没有资金的人做不下来。

还是先别出来创业的好

最困扰王奇的还是：从年初到现在，他还没有接到过一份单。

"我前几天在外面跑，想找需要装远程监控的商铺，可能性很小。单就技术来说很简单，有的请朋友就做了。连锁超市没有决定权，宾馆和网吧，都是公安局指定的单位去做。没有资质的，就处在一个极度竞争的情况下；有资质的话，就算撒点钱出去，找找关系，那也舒服。"但那些名目繁多的资质离自己现在的公司似乎太遥远了，他告诉记者，智能化设计施工的资质，要求100平方米以上的办公面积。

在外奔波无果后，王奇现在寄希望于网络，"我在google上做广告，昨天看了一下，点击量是零。"

王奇想想，觉得之前同事的提醒有道理："我什么都能自己做，就是业务这方面不行。"以前在公司，一个月有几千块的收入，现在这位小老板却不知道什么时候能够有现金入账。

王奇在外租的商铺已经给妻子开店用，他担心，万一工商税务的来查，营业执照也会被吊销。

现在，原来公司里那些热心的年轻人问起创业的时候，王奇只能告诉他们：先留在公司好好干。

看完了这篇文章，相信大家会对创业的艰辛多一点点了解。很多人在创业初期都激情澎湃，认为自己在很短时间内可能就会超过比尔·盖茨，至少能超过李彦宏、丁磊这些"少壮派"。但是不知大家想过没有，在中国数以千万计的创业者中能有多少个丁磊？又有多少个比尔·盖茨？

对于众多的创业者来说，比尔·盖茨、李彦宏等实在太远，我给大家讲一下我身边的百万富翁、千万富翁的真实例子，从他们身上，读者或许会有很多的启发。

我在本书的第一章中提到的我的朋友徐北风，1988年以前他在北京整流器分厂当厂长，1988年，他决定砸破铁饭碗自己创业，成为当时第一批下海的人之一。他当时和亲戚朋友借了三万元，员工人数一度达到70多人，一开始效益还好，但没多久就遇到了八九风波，企业效益开始直线下降，到90年时实在支撑不住只好倒闭。

徐北风的第一次创业就这样失败了。分析起这次失败的原因，他认为当时仅仅凭勇气和一些做产品的经验就仓促下海，对市场风险、管理团队、核心竞争力等问题基本上没考虑过，失败几乎成为不可避免。

从90年到93年，年近四十、创业失败的徐北风一直在到处打工，直到1993年他应聘到了北京金马房地产开发公司担任办公室主任才又走向管理岗位。

徐北风现在担任北京金罗马物业管理有限公司董事长、北京市物业商会会长，旗下有1000多名员工，担负着12个小区的物业管理。每年的营业额都在数千万。作为职业经理人，他在公司享有股份。

在谈到早期的创业时，他认为自己的第一次创业虽然失败了，但让他明白了许多企业管理的道理。创业失败没什么，关键是能从中悟出道理。

现如今，每年都有600多万名大学生毕业，在就业形势空前严峻的情况下，有不少同学想到了以创业代替就业，自己当老板。我不否认他们中间有类似比尔·盖茨之类的奇才，但对于绝大多数人来说，创业之前最好有一段时间的打工经验，以便使自己能够在有限的时间内积累资金、技术和人脉关系。

我有一个堂弟，毕业于华北科技大学的计算机专业。2003年毕业后很顺利地应聘到一家电脑租赁公司工作。悟性极高的他在半年内就掌握了这种没有多少技术含量的业务，并以自己的吃苦和踏实赢得了客户的信赖。又过了几个月，自认为胜券在握的他自立门户，开始了独自创业。他邀请了另外两名没有多少经验的同学和他一起创业。结果不到一年公司就陷入了困境，原先积累的客户不足以支撑公司的开支，他又缺乏开发新客户的技术和手段，中间因为管理不善，还丢失了价值六万元的笔记本电脑。

说实话，我这堂弟还算比较有韧劲，咬着牙一直坚持着。2007年公司情况好转，虽然公司包括他在内只有两名员工，但他一度年盈利达到近10万。这时的他踌躇满志，向更高的目标冲击，却在2008年5月再次被人骗取60多台电脑，罪犯虽然抓住了，但他的电脑已无法追回。这样他在短短四年内，两次踏进了同一条河流，情形又和五年前刚创业时极为相似，每日只能勉强度日，甚至比当时还要惨些，公司员工事实上只剩下他一人。

我曾经就创业的问题和他谈过一次，比如：对租赁的市场前景如何判断？中国最大的电脑租赁企业是哪家、规模有多大？成功的经验是什么？两次被骗有没有总结出风险控制的办法？拓展业务最主要的手段是什么？但他对这些问题都含糊其辞，我也曾向他推荐过一些管理方面的书籍，但他都摇摇头说看不进去。

经过这次谈话，我暂时放弃了为他投资的打算，我觉得以他目前既不能从失败中吸取教训又对公司的长远目标缺乏明确规划的情况看，真正进入创业状态还需几年时间。

我堂弟创业的故事几乎是很多初创业者共同的标本：他们经常以自己掌握的一点点行业技术或销售过程中形成的客户资源以及非常有限的资金便急匆匆创业，结果常常以失败而告终。

我原来的一个下属曾是公司的骨干，后来经亲戚介绍有了一笔十几万的业务，便急忙从公司辞职，自己创办了一家业务性质和原先公司完全相同的企业，风生水起的做起了自己的公司，可惜他的公司维持了不到一年便难以为继，因为自从第一笔业务结束后，他便再也没有接到过第二笔业务。现在五年过去了，他仍然在打工，不敢再轻言创业。

很多初创业者经常只考虑公司运作的市场要素而对非市场要素缺乏了解，因而经常"出师未捷身先死"。

我认识的一个男孩非常好学也能吃苦。10年前，他曾在一家饭店打工做早点，做出的油饼油条特别好吃。在别人的鼓动下，他离开了打工的饭店，开始自己"创业"，在北京一座立交桥附近卖起了早点，结果创业的第一天就被当地的地痞流氓掀翻了摊子，第二天又被执法人员没收了所有的"创业"工具。据说也是地痞们"举报"的结果。至今，这个男孩仍然在一个建筑工地的食堂做厨师，早年的"创业"经历让他至今心生畏惧。

准确地讲，开个小店，练个小摊，不能算作创业，只能算创业的前奏。虽说其中不乏成功者，但大部分人只能日渐沉沦。

上个世纪有个"傻子瓜子"年广久，经邓小平两次点名后声誉日盛，但一直秉持小作坊思维的他至今没能超越自己。瓜子还有，但生意没什么大的起色。

前面讲了一大段，并不表明我反对创业。相反，我其实是一直鼓励年青一代创业的。我想说明的是：只要是商业，就不可能没风险。任何商业上的决定都有冒险的成分，所以必须设法将风险降到最低的程度。降低风险不是裹足不前，而是在创业之前就做好周密、细致的准备。

初次创业的人最难的莫过于选择切入点。究竟是选择制造业、加工业还是服务业，如果是制造业，究竟制造什么产品？如果是服务业，究竟提供哪方面的服务？这些都是需要仔细考虑的。

一般地讲，创业者首选的当然是市场空白；这样的产品或服务极容易在很短时间内就取得成功。比如最早开办汽车美容、最早开办足浴、最早进行餐饮连锁、最早提供网上购物等都在很短时间内赢得了市场并取得了利润。

其次，创业应选择投资自己比较感兴趣并且拥有一定优势的项目。一个对技术一窍不通的人最好不要贸然进入技术性很强的行业。但一定不要让"技术门槛"的假象所迷惑。

比如人们往往认为互联网是个技术性很强的行业，但事实上这个行业的技术门槛并不高。比如阿里巴巴的老总并不一定通晓怎么开发程序，他只要拥有电子商务这个创意以及由此搭建的平台，再加上资本运作和品牌推广就可以赚钱了。

有一些行业的利润是非常惊人的，比方说化妆品和保健品。我以前曾见过一种叫做"高钙素"的保健品，成本只有几十元，但售价却高达数百元。SK-Ⅱ的神仙水在中国的零售价为560元，而其制造成本却只有10元。一双名牌运动鞋在欧美的售价为人民币200多元，但在中国的离岸价只有10元。

此外，日用品、饮料、白酒、药品、小家电等行业的利润都高得惊人。但对于初创业缺乏资金的人来说几乎是高不可攀。这些行业的制造成本并不高，但产品的推广成本却高得惊人。

相对而言，制造业的门槛都比较高。需要租赁厂房、购买机器设备、租办公场所、聘请员工，此外还有环保节能费用、安全保障费用等，这些开支一般不是初创业者所能承担的。

初创业者中，很多人是在边干边学"摸着石头过河"。我认识一个女孩，在大企业做过高级白领，在职场搏击了几年后她决定自己创业，创办普洱茶代理销售公司。公司成立了，办公场所布置的也非常大气、茶叶也批回来了，这时她才想起两个最关键的问题：把茶叶卖给谁？以什么方式销售？于是，她开始一次又一次的"试卖"。一年多了，仍然没有找到合适的销路，但办公费用、人员开支却花掉了不少钱，女孩组织了很多次品茶会，但效果并不明显，每当曲终人散时，女孩就急得直想哭。

像这种边施工、边改图纸、边招人的"三边"工程是初创业者最容易犯的毛病。

很少有人创业能一次性成功，但对于那些成功的创业者来说，每一次的创业都会为下一次的创业或转型积累宝贵的经验。

我的朋友王力1988年满怀豪情的下海去海南创业，却发现那里早已人满为患。

"两年时间里，我搬了8次家，平房、地下室、仓库我都住过，有时接连几个月都找不到工作做。在海南，我没有固定的工作，做苦力搬家、推销产品、装修，什么都干过。有一次给客户装修，把门窗都装反了；对电路也一窍不通，有一次把不同功率的线缠在一起，结果客户一合开关，电线竟然燃了起来。"王力回忆说。

在海南打拼了两年，王力返回成都做起了电脑推销员。因为勤奋、老实，又有高学历，所以王力的推销总是技高一筹，当推销员的第一年，王力就给公司赚了50万。

"我在那家公司干了不到两年就离开了，辞职的原因很简单，老板不讲信用，原先按规定奖励我的7万元奖金只给了4000元。"王力回忆道。

1992年，王力和另外两个朋友筹措了5万元，开办了自己的电脑销售公司。经过5年的发展，到1997年，他们已经有了150万元的固定资产和流动资金。

在成都，王力的公司成了北京用友的最大销售代理商。1997年年底，王力将成都的生意托付给别人，自己移师北京，成了北京用友的总裁助理。做助理的同时，王力成立了自己的北京用友软件配套用品公司并委托朋友管理。

2000年，网络正热时，王力和几个人一起合办了一家网络公司，主要经营客户关系管理软件。但是这个投资2000多万的公司从成立第一天起就遭遇曲折，发展一直不顺，2005年公司因经营不善而被迫卖掉了品牌。

2004年，王力重新回到了自己的公司，并将它改名为北京用友商用表单公司。将以前的多种经营改为专做表单业务。

从2004年的年销售额700多万开始，王力已经把它做到了2008年的年销售额4000多万。回忆二十年的创业经历，王力说："每一次转型，我都收获了经验：海南之行让我体验了吃苦精神；推销电脑让我掌握了销售技巧，并明白了诚信的重要；在用友，我从王文京总裁身上学到了如何进行战略判断，如何管理团队，如何规范运作；2000年创办网络公司的失败让我明白投资一定要和市场培育、业务准备、团队建设相匹配，在合作者中要有核心的管理人员。有了这么多经验以后，现在做起事来就要顺利的多，公司成立十年来，至今没有大的失误，每年都在稳步递增。"

王力凭自己的不懈努力，从400元起家，经过20年的奋斗，终于积累起上千万的个人财富，他的例子无疑是众多创业者可以思索和学习的。

我的一位姓徐的小师弟，毕业于管理学院。在学校，他一直是社团领导，经常张罗大大小小的活动。他潜意识里一直想独立做事情，但他并没有一毕业就开始闯荡。他先是进入一家无线互联公司，后来又在一家房地产公司做投资方面的业务。这些工作经历为他开拓了客户、积累了人脉，打造了创业平台，毕业三年后，他开始了自主创业，并且做得非常成功。

谈到创业，他认为：首先，要有意识地提高自身的综合素质。作为创业者，这种"综合素质"首先是与人打交道的能力。自己做老板，要会处理各方面的事务、接触各方面的人，无论层次高的、相同层次的还是层次低的，和不同圈子里的人都要处理好关系。

第二，要选择一个合适的行业。创业时，要尽量选择自己熟悉的、相对有优势的行业。如今的创业计划很多，但很多人只是跟风，这样不会取得很大的成就。创业之前要好好分析自己的优势所在，要想一想为什么在这一行里你能做成功而别人不能，或者为什么你能够做得比别人更成功。除此之外，创业者切记的是：一定要专心一业，千万不要盲目扩大和盲目多元化。

我的朋友刘卫东，1990年毕业于吉林大学管理学院。在大学学工科的他毕业后被分配到（北京）国家机床质量检验中心担任一名助理工程师，但一次很偶然的机会，却使他走上了从事法律工作的道路。

当时，他刚到单位报到就接受领导安排，编写一本10万字的《质量手册》。由于表现不错，加上当时的单位又因业务涉及质量鉴定、仲裁等事务，需要一名懂法律的人才，于是他被破例批准在职学习法律，学费由单位承担。

1991年9月，刘卫东在职到北京大学攻读法学双学位。1993年10月，尚未取得法学学位的他凭优异的成绩拿下了律师资格证。随即到北京第一律师事务所兼职。

1994年，取得法学学位的刘卫东毅然放弃了已把他列为后备干部的铁饭碗单位，转而选择了一家民办的律师事务所。真正的走上了"法律事业"的征途。

失去铁饭碗的他只得花钱自己租房，上班要骑自行车穿越半个北京城，但即使再苦也没有动摇他从事法律工作的决心。

刚到单位，他只能帮主任处理一些杂事，同时还兼职做律师所的会计。但不久他就因首创"私人律师"的概念而受到所里的重视。之后又因接办了"中国劳动法第一案"而在圈内有了一定的知名度。

1997年，律师所主任到外地任职，他和另外两名合伙人将律师事务所接了下来。由此，他由一名单纯的职业律师变成了一名管理者。并买下了第一台属于自己的私人轿车。

1999年9月，在做了两年合伙人之后，刘卫东再次选择在职攻读北京大学法律硕士学位。

2001年，尚未取得硕士学位的刘卫东开始了真正的创业，创办了"北京市冠衡律师事务所"，这一年，他33岁。

迄今，刘卫东的冠衡事务所已经由创立时的四名律师、七名助理发展到现在的二十多位律师、二十多名助理的中等规模的事务所。经营业绩名列北京市律师事务所百强行列。个人资产也早已过千万。

谈到创业体会，刘卫东只说了一句话："我从大学毕业后的第二年选择了从事法律工作，从此就再没离开过它。"

实际上，正是这种"不离弃、不放弃、咬牙坚持"的精神，才使刘卫东在这个行业越做越精、越做越深、越做越大，因为他今天所做的每一个案例都在为明天积累经验和客户。

和刘卫东一样，我的另外一个朋友任桂峰也是属于"咬定青山不放松"的人物。他从早年就确定了从事教育的志向。后来几经努力，他创办了山东菏泽新闻学院，把培养各类新闻人才和艺术人才作为办学的方向。

谈到创业体会时，他说："这十多年我没干别的，就是兢兢业业地做教育这一行。"

很多人的成功在于几十年一直把自己熟悉的行业做大做强，像浙江万象集团的鲁冠球就是这样，而很多企业在创业刚见起色时就急于盲目扩张，结果往往惨遭失败。

关于创业，似乎还有很多话说，比如创业时机的选择、创业资金的运作、创业团队的形成、创业核心业务的确定、企业文化定位等，所有这些关于创业的更深更广的话题我将在我的另一本专著《创业时代》中予以叙述。在这里，我想说的是：当今的时代正是创业的时代，创业时间无论先后，有目标则行；创业规模无论多大，有毅力则成。

孔子曰：三十而立。

后 记

大约从1996年起，作为一名媒体从业者，我曾先后到中国新闻学院、中国传媒大学、北京大学、中国人民大学、天津大学等地做讲座。

最初，主讲的议题大都和新闻写作有关，但从2002年以后，主讲的话题逐渐从新闻领域过渡到职场领域。记得有一次在我的母校天津大学讲座，原定两个小时的讲座整整延长到五个小时，而后三个小时几乎全部是围绕着大学生活和职场生涯的话题展开。这以后，我发现每次讲座，求学、求职、创业的话题总会引起全场学生的共鸣，这让我心生感慨。

最早提出本书写作动议的是山东菏泽新闻学院的院长任桂峰先生，时间是2007年5月。

那本来也是一场例行的新闻写作讲座，却在讲座结束后变成了一场关于大学生活取向、职场人生等话题的热烈讨论。我又一次发现：大学生们对未来的专业前景、未来的职业定位、未来的职场风向标的关心远远大于对所学专业知识的关心。

由此，我也萌生了写一本专门探讨求学、求职、创业的书，以便系统地和学弟学妹们交流。结合我十几年的讲座体验，我开始在脑海中构思这本书的写作框架。但那时候，我正忙于写作《国运——古今中外的开国六十年》一书，所以，尽管很多人催促这本书早日面世，我却迟迟未能动笔。

2008年12月，《国运》一书三稿修改完毕，我开始了本书的进一步构思。

2009年春节，我在故乡的太岳宾馆里写下了关于本书的第一行文字。

我大学毕业后的第一份工作、也是人生的第一份工作是卖菜。1991年秋天，我成了北京菜站的一名职工。至今我身份证上的地址仍然是：北京市石景山区鲁谷路菜站。

我相信，直到现在，这样的工作在很多大学生眼里也会觉得不屑或不可思议。但是我确实是从卖菜的吆喝声中开始了我的职场人生。正因为如此，我才有理由相信：由我这样出身"贫贱"的人讲出的故事，才有可能触动更多的徘徊在人生十字路口的人们。

我很感谢语文出版社的总编辑王晓庆先生及他的助理王永强先生，正是由于他们的肯定，才使我沿着既定的提纲完成了这本书的写作。

我要感谢北京大学的弓健同学和王穆同学以及北京二中的张瑨怡同学。弓健和王穆同学为本书的写作提供了许多很好的素材，张瑨怡同学则为本书的写作提供了独到的观点。

感谢本书的两位编辑十年砍柴先生和高全军先生，他们为本书的修改提供了许多很好的建议，这让我受益无穷。

感谢我的中学同学段鹏建和大学同学高香信，他们对我的关心体现在对我作品的逐字逐句的阅读中，这让我感动。

我尤其要感谢的是我的法律顾问——北京冠衡律师事务所的刘卫东先生。十几年来他一直是我事业的坚定支持者，这让我倍感友谊的温暖。

我也要感谢杨丹同学，她既是我写作最坚定的支持者，也是我书稿修改最执着的建议者。

我衷心希望我在本书中的所有文字能对那些行走在求学、求职和创业路上的学弟学妹们有所帮助。

我很庆幸生活在我们这个时代，它让人有无穷想象的同时拥有无穷的选择。

2009年12月于北京顶秀美泉小镇